准噶尔盆地油气勘探开发系列丛书

双水平井 SAGD 油藏工程理论与实践

霍 进 赵 睿 孙新革 杨 智 等著

石油工业出版社

内 容 提 要

本书在对 SAGD 的技术原理、筛选标准、配套技术及应用状况分析的基础上,系统地介绍了双水平井 SAGD 开发的关键理论计算方法、SAGD 的物理模拟技术与方法、SAGD 蒸汽腔的描述方法与扩展规律、SAGD 的油藏工程设计技术、SAGD 的调控技术与增效措施及新疆风城油藏 SAGD 的应用状况分析等内容。

本书可供从事油田开发的科研工作者及石油院校师生参考,特别适合于从事稠油开发的工程技术人员阅读。

图书在版编目(CIP)数据

双水平井 SAGD 油藏工程理论与实践/霍进等著 .
北京:石油工业出版社,2018.12
　(准噶尔盆地油气勘探开发系列丛书)
　ISBN978 - 7 - 5183 - 3059 - 1

Ⅰ. ①双… Ⅱ. ① 霍… Ⅲ. ① 石油开采—注蒸汽—
研究 Ⅳ. ①TE357.44

中国版本图书馆 CIP 数据字(2018)第 264952 号

出版发行:石油工业出版社
　　　　(北京安定门外安华里 2 区 1 号楼　100011)
　　　　网　　址:www. petropub. com
　　　　编辑部:(010)64523543　图书营销中心:(010)64523633
经　　销:全国新华书店
印　　刷:北京中石油彩色印刷有限责任公司
2018 年 12 月第 1 版　2018 年 12 月第 1 次印刷
787 × 1092 毫米　开本:1/16　印张:13.5
字数:320 千字
定价:130.00 元

《双水平井SAGD油藏工程理论与实践》
编写人员

霍 进　赵 睿　孙新革　杨 智

高 亮　木合塔尔　丁 超　罗池辉

陈河青　孟祥兵

序

准噶尔盆地位于中国西部,行政区划属新疆维吾尔自治区。盆地西北为准噶尔界山,东北为阿尔泰山,南部为北天山,是一个略呈三角形的封闭式内陆盆地,东西长700千米,南北宽370千米,面积13万平方千米。盆地腹部为古尔班通古特沙漠,面积占盆地总面积的36.9%。

1955年10月29日,克拉玛依黑油山1号井喷出高产油气流,宣告了克拉玛依油田的诞生,从此揭开了新疆石油工业发展的序幕。1958年7月25日,世界上唯一一座以石油命名的城市——克拉玛依市诞生。1960年,克拉玛依油田原油产量达到166万吨,占当年全国原油产量的40%,成为新中国成立后发现的第一个大油田。2002年原油年产量突破1000万吨,成为中国西部第一个千万吨级大油田。

准噶尔盆地蕴藏着丰富的油气资源。油气总资源量107亿吨,是我国陆上油气资源当量超过100亿吨的四大含油气盆地之一。虽然经过半个多世纪的勘探开发,但截至2012年底石油探明程度仅为26.26%,天然气探明程度仅为8.51%,均处于含油气盆地油气勘探阶段的早中期,预示着巨大的油气资源和勘探开发潜力。

准噶尔盆地是一个具有复合叠加特征的大型含油气盆地。盆地自晚古生代至第四纪经历了海西、印支、燕山、喜马拉雅等构造运动。其中,晚海西期是盆地坳隆构造格局形成、演化的时期,印支—燕山运动进一步叠加和改造,喜马拉雅运动重点作用于盆地南缘。多旋回的构造发展在盆地中造成多期活动、类型多样的构造组合。

准噶尔盆地沉积总厚度可达15000米。石炭系—二叠系被认为是由海相到陆相的过渡地层,中、新生界则属于纯陆相沉积。盆地发育了石炭系、二叠系、三叠系、侏罗系、白垩系、古近系六套烃源岩,分布于盆地不同的凹陷,它们为准噶尔盆地奠定了丰富的油气源物质基础。

纵观准噶尔盆地整个勘探历程,储量增长的高峰大致可分为西北缘深化勘探阶段(20世纪70—80年代)、准东快速发现阶段(20世纪80—90年代)、腹部高效勘探阶段(20世纪90年代—21世纪初期)、西北缘滚动勘探阶段(21世纪初期至今)。不难看出,勘探方向和目标的转移反映了地质认识的不断深化和勘探技术的日臻成熟。

正是由于几代石油地质工作者的不懈努力和执着追求,使准噶尔盆地在经历了半个多世纪的勘探开发后,仍显示出勃勃生机,油气储量和产量连续29年稳中有升,为我国石油工业发展做出了积极贡献。

在充分肯定和乐观评价准噶尔盆地油气资源和勘探开发前景的同时,必须清醒地看到,由于准噶尔盆地石油地质条件的复杂性和特殊性,随着勘探程度的不断提高,勘探目标多呈"低、深、隐、难"特点,勘探难度不断加大,勘探效益逐年下降。巨大的剩余油气资源分布和赋存于何处,是目前盆地油气勘探研究的热点和焦点。

由新疆油田公司组织编写的《准噶尔盆地油气勘探开发系列丛书》在历经近两年时间的努力,今天终于面世了。这是第一部由油田自己的科技人员编写出版的专著丛书,这充分表明我们不仅在半个多世纪的勘探开发实践中取得了一系列重大的成果、积累了丰富的经验,而且在准噶尔盆地油气勘探开发理论和技术总结方面有了长足的进步,理论和实践的结合必将更好地推动准噶尔盆地勘探开发事业的进步。

系列专著的出版汇集了几代石油勘探开发科技工作者的成果和智慧,也彰显了当代年轻地质工作者的厚积薄发和聪明才智。希望今后能有更多高水平的、反映准噶尔盆地特色地质理论的专著出版。

"路漫漫其修远兮,吾将上下而求索"。希望从事准噶尔盆地油气勘探开发的科技工作者勤于耕耘,勇于创新,精于钻研,甘于奉献,为"十二五"新疆油田的加快发展和"新疆大庆"的战略实施做出新的更大的贡献。

新疆油田公司总经理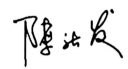

2012.11.8

前　言

目前国内外超稠油油藏的主体开发技术主要有 SAGD(Steam Assisted Gravity Drainage,简称 SAGD)、蒸汽吞吐、蒸汽驱、露天开采、火烧油层等。其中,蒸汽辅助重力泄油(SAGD)是一项稠油热采的前沿技术,该技术最为常用和经典的方式是采用上下叠置的双水平井布井,加热后的原油与蒸汽冷凝水在重力作用下从下部生产井中泄流采出。

本书以新疆风城油田 SAGD 开发实践为基础,针对双水平井 SAGD 的相关理论计算、物理模拟技术、蒸汽腔扩展规律、油藏工程设计方法及开发效果改善措施等方面,展开深入论述与总结。本书所涉及的内容是新疆油田几代稠油开发科研人员辛劳与智慧的结晶,体现了中国稠油油藏热力开采技术的发展与应用现状。全书内容的深度与广度适用于从事稠油油藏开发的相关科研人员与技术人员参考。

全书共分六章,第一章主要介绍 SAGD 的技术原理、筛选标准、配套技术及应用现状与存在问题;第二章探讨双水平井 SAGD 开发的关键理论与计算方法,针对蒸汽的物性参数、水平井筒内的流动特性、SAGD 循环预热相关理论、SAGD 蒸汽腔相态特征及 SAGD 的产能预测方法几个方面;第三章主要涉及 SAGD 的物理模拟技术,系统说明了相关的基础实验内容及设计方法、三维比例物理模拟的设计方法与结果分析;第四章介绍了 SAGD 蒸汽腔形态描述技术及蒸汽腔的扩展规律;第五章以风城油田为例系统论述了 SAGD 油藏工程设计过程与内容;第六章针对双水平井 SAGD 的开发调控技术与增产措施进行总结。

本书第一章由霍进编写;第二章由赵睿、吴永彬编写;第三章由孙新革、吴永彬编写;第四章由杨智、赵睿编写;第五章由高亮、木合塔尔编写;第六章由罗池辉、陈河青、孟祥兵编写。全书由霍进统稿。

在本书的编写过程中,得到了中国石油勘探开发研究院、中国石油新疆油田分公司风城油田作业区的大力支持与帮助。在此谨向所有关心和支持本书编撰的领导、专家、同行致以衷心的感谢!

由于笔者水平有限,书中难免存在不妥之处,敬请读者批评指正。

CONTENTS 目录

第一章 绪 论

蒸汽辅助重力泄油(SAGD)技术作为超稠油(沥青)热力开采的一项前沿技术,已广泛应用于超稠油(沥青)的商业化开采,成功实现了蒸汽吞吐、蒸汽驱等常规热采技术无法动用资源的有效动用。本章概述了SAGD技术原理及特点、油藏筛选标准、配套工艺技术以及国内外SAGD技术发展历程与现状,并简要介绍了SAGD技术发展趋势。

第一节 SAGD的技术原理及特点

一、SAGD技术原理

蒸汽辅助重力泄油(SAGD)技术最早在1981年由加拿大学者R. M. Butler首先提出,并将其作为蒸汽驱的一种特殊形式,应用半解析计算方法与室内实验方法证实了连续注入蒸汽和连续采油可以获得较高采收率。该技术最为常用和经典的方式是双水平井,实际应用中将一对水平井上下平行的部署在靠近储层底部位置,上部水平井和下部水平井之间约有5m的垂直距离,上部井为注入井,下部井为生产井。其基本原理是在注汽井中注入高干度蒸汽,蒸汽向上在地层中形成蒸汽腔;蒸汽腔在向上及侧面扩展过程中与油层中的原油发生热交换;受热原油和蒸汽冷凝水在重力作用下向下流动,从水平生产井中采出;蒸汽腔持续扩展,占据原油的体积;蒸汽腔内压力恒定,无施加压力梯度,流体泄流过程主要依靠重力作用(图1-1)。

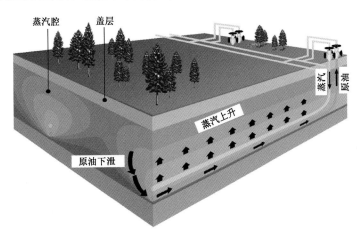

图1-1 SAGD工艺示意图

二、SAGD开采阶段划分

根据操作特点,一般将SAGD过程划分为两个主要的操作阶段:启动阶段与生产阶段。

1. SAGD启动阶段

在这一阶段,主要目标是使高黏度的原油在注入井和生产井之间流动,建立注汽井和生产井之间流体和压力的连通,实际中常采用上下井同时注蒸汽循环的方式进行。此阶段如图1-2所示,在循环期间,把蒸汽注入油管柱至注入井和生产井的底端,蒸汽冷却凝结,通过热传导作用将其热量传递至储层,液相流体则可通过水平井跟部的管柱返出至地面。

当井间储层原油黏度达到 $100 \sim 300 \text{mPa} \cdot \text{s}$(温度达到 $80 \sim 100°C$,根据储层物性特点和流体性质可有所不同)且在注入井和生产井之间建立了液压连通时,可视为SAGD启动阶段结束(图1-3)。这一作业阶段通常持续 $2 \sim 4$ 个月,视油井垂间距和油藏地质情况而定。随后,油井转入SAGD生产阶段。

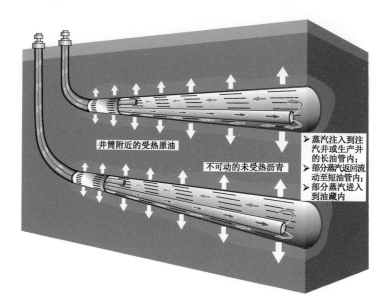

井筒附近的受热原油

不可动的未受热沥青

➤ 蒸汽注入到注汽井或生产井的长油管内;
➤ 部分蒸汽返回流动至短油管内;
➤ 部分蒸汽进入到油藏内

图1-2 SAGD启动循环阶段

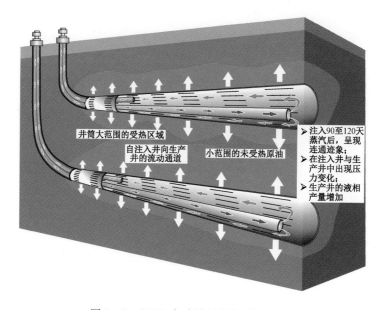

井筒大范围的受热区域

自注入井向生产井的流动通道

小范围的未受热原油

➤ 注入90至120天蒸汽后,呈现连通迹象;
➤ 在注入井与生产井中出现压力变化;
➤ 生产井的液相产量增加

图1-3 SAGD启动循环阶段:液压连通

2. SAGD 生产阶段

在 SAGD 生产操作阶段,上部注入井把蒸汽连续注入储层,而下部生产井则把流动的原油和蒸汽冷凝水连续产出至地面。在此阶段初期,新形成的蒸汽腔沿纵向扩大并不断上升,产量随之增加(图 1-4),一旦蒸汽腔到达储层顶部就会开始横向扩展(图 1-5)。在该阶段过程中,一般在油藏压力下将蒸汽注入油藏,以使井下操作条件保持一致。

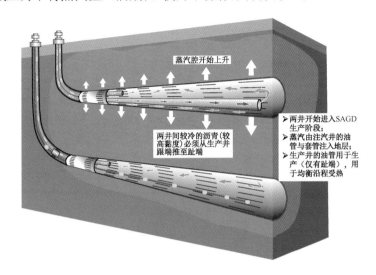

图 1-4 SAGD 生产阶段:SAGD 生产初期

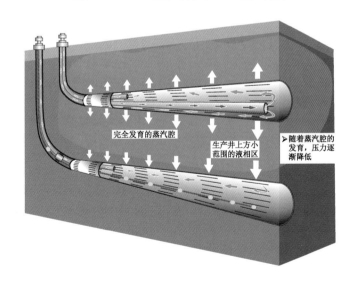

图 1-5 SAGD 生产阶段:SAGD 全面生产时期

一旦油井转换到 SAGD 生产模式,该工艺会经历 3 个主要生产阶段:产量上升阶段、产量稳产阶段和产量衰竭阶段(图 1-6、图 1-7)。不同 SAGD 生产阶段具有不同的产量变化规律。

1)产量上升阶段

蒸汽腔沿纵向和横向两个方向扩大,以纵向扩展为主,但未到达产油层顶部;在此期间,产量不断上升,采收率约为20%。

2)产量稳产阶段

蒸汽腔到达油层顶部时,原油产量达到最高值;在此期间,原油产量基本趋于稳定,采收率通常约为20%~30%。

3)产量衰竭阶段

蒸汽腔继续沿横向扩展,直到与相邻井网的SAGD蒸汽腔融合;在此期间,产量不断下降,油汽比(OSR)不断降低。此时,采收率较高,通常约为30%~70%。

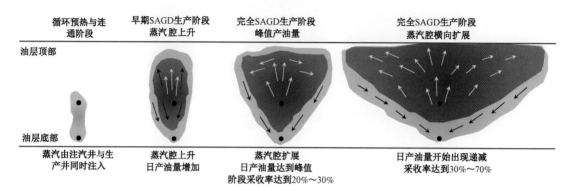

图1-6 SAGD蒸汽腔的发展变化

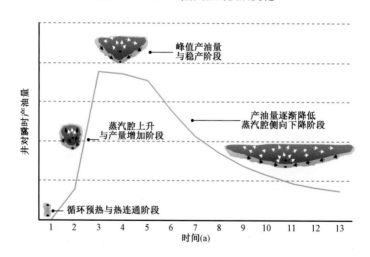

图1-7 典型SAGD单井生产曲线

三、SAGD开发特征

SAGD工艺具有3个主要的开发特征指标。

1. 产油速度

根据SAGD理论,SAGD原油产油速度峰值取决于储层物性(孔隙度、渗透率、含油饱和度、储层有效厚度)、流体性质(原油黏度、密度、热扩散率)和水平段长度(李术元等,2011)。生产速度是经济考虑中的一项关键指标。

2. 油汽比

油汽比是注入单位体积的蒸汽(冷水当量)所能生产出的原油体积,用于衡量 SAGD 工艺的效率。因为蒸汽的生成量是需考虑的最大 SAGD 作业成本,所以它也是一项重要的经济评价指标。油汽比越高,储层中蒸汽利用的效率越高,则相关燃料成本越低。影响油汽比的因素有储层质量、含油饱和度、产层有效厚度和渗透率等。油汽比还受储层上部和下部(上覆或下伏岩层)热量损失的影响。

3. 采收率

如果操作合理,SAGD 井对的最终采收率可超过 50%,高者可达 70%。井对采收率的影响因素包括产层厚度、沉积相分布、原始含油饱和度和残余油饱和度。

在尽量增加油汽比的同时,还有几个操作参数和方法可用于最大限度地提高生产速度和采收率,这些因素包括最佳井位部署和布局、井长及完井设计、SAGD 油井寿命期不同阶段操作压力的优化。准确的数据监测、正确的控制方法和明确的应对策略有利于维持最佳的生产性能,尽量减少停产时间,可最大限度地增加经济效益。

四、SAGD 开发技术优势

常规稠油、超稠油油藏的蒸汽驱技术应用过程中,需要在一定的井网条件下,建立注采井间的连通关系,井网可以是反九点井网、反七点井网、五点井网或者最新的"回"字形井网,注采井间的距离一般在 70m 以上;若原油黏度较低时,则注采井距可进一步放大(贾承造,2007;国土资源部油气资源战略研究中心,2009)。对于常规注蒸汽开发而言,在注蒸汽过程中,由于注采井间距离较大,注入蒸汽的热损失较大;同时蒸汽在油藏中流动的过程中,容易沿着高渗透通道窜进,从而降低蒸汽驱的波及体积(孙川生等,1998;霍广荣等,1999,2007;曾凡刚和李赞豪,1999;邵先杰等,2004;张方礼等,2007)。而蒸汽吞吐的注汽和生产均在一口井内完成,因此在一定井距条件下,蒸汽吞吐属于单井的范畴。但当蒸汽吞吐井距较小的时候,单井注汽往往容易引起邻井的汽窜,蒸汽沿着高渗透通道进入了其他的吞吐生产井,从而降低了该井的吞吐效果;而当井距过大时,尽管邻井的干扰减少,但井间的剩余油难以动用,造成吞吐阶段采出程度较低的局面。中国大多数蒸汽吞吐井均已经进入了多轮次吞吐后期,目前处于低产能、低压力、低油汽比的生产阶段,注入的蒸汽大多处于无效循环的状态。与常规稠油蒸汽吞吐或蒸汽驱技术不同,SAGD 的注采井间距离通常为 5m,较小的注采井距有利于注采井间建立统一的热连通系统,有利于蒸汽腔的均匀发育。具体来说,SAGD 技术具有以下优势。

1. 底水稠油、超稠油油藏高效开发

底水稠油、超稠油油藏在生产过程中最突出的矛盾在于生产井的高产与底水的锥进问题。为了抑制底水的锥进,通常需要降低生产井的排液量,进而降低了生产井的产量,而 SAGD 可以用于底水稠油、超稠油油藏的高效开发。由于 SAGD 在生产阶段,注采井水平段之间的注采压差确保在 0.5MPa 左右,因此,生产井在生产过程中对底水的压差引流现象较弱,注采井间处于近压力平衡的生产状态。因此,应用双水平井 SAGD 开采带底水的稠油、超稠油油藏,可以起到有效抑制底水锥进的作用(于连东,2011)。

2. 稠油、超稠油油藏快速上产,提高采油速度和采收率

采用 SAGD 开发,只需要 5~6 个月的循环预热时间,注采井间就能建立较好的连通关系;

转入 SAGD 生产后,随着蒸汽腔的上升和扩展,注入蒸汽的速度逐渐增大,生产井的日产油水平迅速上升(田仲强等,2011)。国外开发实践表明,SAGD 从循环预热到产量峰值期的时间一般为 1.5 年。而对于超稠油油藏蒸汽驱开发,在井距的 70m 左右条件下,通常难以建立起有效的热连通,蒸汽热前缘到达生产井底的时间通常需要 2 年以上,上产速度远远慢于 SAGD(吴奇等,2002)。同时,SAGD 到达峰值产量以后,一般会有一个产量的平台期。对于油层有效厚度为 20m 左右的超稠油油藏 SAGD 开发而言,产量稳定平台期一般在 6 至 7 年;而对于同样厚度的超稠油油藏蒸汽驱开发而言,由于蒸汽的超覆作用,蒸汽从油层顶部进入生产井,在产量峰值以后,稳产难度加大,通常产量稳定平台期只有 3 至 5 年,随后便进入不断开展高温封堵等措施的调整期。因此,SAGD 技术是厚层超稠油油藏高产稳产的特色技术(郑洪涛和崔凯华,2012)。此外,由于 SAGD 开发蒸汽腔均匀扩展,因此 SAGD 结束时的井组采收率通常可以达到 50% 以上,较为均质的油藏则可以达到 60% 以上,因此,采用 SAGD 开发可以实现高采收率的目标。而对于厚层超稠油蒸汽驱,由于蒸汽的超覆和高渗透通道的汽窜,最终采收率通常只有 45% 左右。另外,目前高温的封堵剂技术尚在研发中,现有的封堵剂性能并不理想。

3. SAGD 平台集中布井,地面注采工艺简单

采用双水平井 SAGD 开发,通常采用平台集中布井的方式部署 6~12 个 SAGD 井对,一个平台对应 1~2 台锅炉,而不像蒸汽驱井网,需要部署密集的地面注汽管线。有效缩短了 SAGD 开发时地面注汽管线,降低了蒸汽在地面管线中的热损失,提高了井底蒸汽干度。同时,由于采用平台集中注采,有效提高了地面操作和监测的工作效率,有利于高效油藏管理(霍广荣等,1999;郑洪涛和崔凯华,2012)。

第二节　SAGD 油藏筛选标准

一、主要影响因素

1. 地层深度与温压条件

油藏太浅或者太深都不适合采用 SAGD 技术开发。油藏太浅可能顶层封闭性不好,同时对钻井等要求高;油藏太深使得井筒热损失加大,井底蒸汽干度降低,致使蒸汽腔的发育程度差。从统计的 SAGD 项目来看,除加拿大 UTF(Underground Test Facility)项目(油藏埋深仅为 150m)外,油藏埋深均在 200~700m 范围内。对于双水平井 SAGD,一般认为深度极限为 1000m;对于直井水平井组合 SAGD,适应深度可以适当增加。

温压条件对 SAGD 开发有一定的影响。对原始油层温度高,原油黏度低,加热油层所需的热量较少,SAGD 开发油汽比相对高;对原始油层压力较高的油藏,一般将压力降低到 3~4MPa 后进行 SAGD 开发。从统计的 SAGD 项目来看,油层温度一般在 7~20℃ 范围内,油藏压力一般在 0.5~5.0MPa 范围内(Mohammadzadeh 等,2012)。

2. 油层连续厚度

油层厚度越大,重力作用越明显,蒸汽辅助重力泄油效果越好。反之,若油层厚度太小,不但重力作用小,而且向顶、底盖层的热损失增大,会大幅度降低油汽比,蒸汽辅助重力泄油的开

发效果变差(Dong 等,2015)。在井距一定的情况下,原油产量与油层厚度的平方根近似成正比。该方式若要获得好的开采效果,油层厚度必须大于 10m。在现场实施的 SAGD 项目中油层厚度一般在 10 ~ 70m。

3. 油层渗透率及垂向与水平渗透率比值

油层渗透率及垂向渗透率 K_v 与水平渗透率 K_h 比值决定了蒸汽注入的难易和蒸汽腔的水平与垂向扩展情况(Hashemi – Kiasari 等,2014)。由于蒸汽辅助重力泄油是依靠重力作用进行驱替原油的,因此受垂向渗透率的影响非常明显。资料表明,当垂向渗透率较低时,重力难以发挥作用,泄油速度变小,生产时间延长,油汽比降低。有学者(Butler,1991)对 Shell 公司1994—1998 年在 Peace River 的 SAGD 试验进行了研究,认为绝对渗透率和 K_v/K_h 较小时会导致蒸汽向上扩展距离小(只到注汽井上方 6m),这是其开发效果差的主要原因之一。数值模拟研究表明,当垂向渗透率与水平方向渗透率的比值小于 0.1 时,由于较难形成热连通及水平方向蒸汽的汽窜,使开发效果变差,累积油汽比较低,因而开发经济效益变差。要使蒸汽腔得到良好扩展,水平渗透率应在 1D 以上,而 K_v/K_h 应达到 0.2 以上。

4. 孔隙度和含油饱和度

孔隙度对采出程度的影响不大,但由于热蒸汽在油层中的热损失增大,累积油汽比大幅降低,因此要使 SAGD 达到较好的开发效果,油层的孔隙度应在 15% 以上(Tian 等,2017)。随着初始含油饱和度的降低,累积油汽比和采出程度都有所降低。累积油汽比降低是由于在初始含油饱和度较低的情况下,含水饱和度会相应增大,油藏的比热容也随之增大,从而使蒸汽过多地消耗在地层水的加热上;采出程度降低则是由于原始含油饱和度降低后,可动用原油储量减少。对于初始含油饱和度较低的油层,由于原油的原始储量低,不宜用 SAGD 方式开采,当初始含油饱和度降低到 35% 时,会因累积油汽比过低,采油成本过高,SAGD 开采就无法产生经济效益。因此,要想利用 SAGD 获得理想的开采效果,应选择初始含油饱和度相对较高的油藏,初始含油饱和度应在 40% 以上。

5. 夹层厚度及其分布

夹层的影响是相当复杂的,在很大程度上取决于其三维空间的分布情况,连续夹层会抑制蒸汽和沥青通过,对夹层上部的泄油造成影响。然而如果夹层不是泥页岩,而只是物性较差的薄细粉砂岩,即使在空间广泛分布,也不会严重阻止传热和传质;如果夹层只是零星分布,即使是较厚的非渗透层,蒸汽和加热的原油及冷凝液可以绕过夹层流动;在这种情况下,夹层可能在某一个时期对 SAGD 的效果有一定的影响,但对整个 SAGD 过程,不连续的夹层不会对其累计产油量产生根本性的影响。一般认为,不连续分布的夹层对 SAGD 的影响是不大的(霍进等,2014)。当然,也可以通过适当的注汽方式使 2m 以下的夹层破裂而失去封隔作用。但是如果隔(夹)层比较发育,在油藏内连续分布且厚度在 3m 以上时,将使 SAGD 的效果变差,对 SAGD 开发造成较大影响。典型的例子之一就是 JACOS 公司在 Hangingstone 的 SAGD 项目(Butler,1991),与 UTF 项目相比,虽然试验区的油层厚度更大一些,而且原油物性和油层物性也相近,但由于夹层的影响使 Hangingstone 项目的油汽比比 UTF 项目低了 1/4。

6. 原油黏度及其热敏感性

黏度是 SAGD 成功与否的关键参数之一。由于 SAGD 生产机理的特殊性,原油黏度不是决定 SAGD 开采效果的决定性因素（Yuan 和 Mcfarlane，2011）。现场试验也证明，即使原油黏度高达 $500 \times 10^4 \text{mPa} \cdot \text{s}$，仍然可以获得较好的开采效果。而原油黏度对温度的敏感程度，即黏度—温度关系曲线，或者说当温度上升到某一值时黏度能否降到一个适当的低值是更加重要的一个衡量指标。原油黏度随温度的变化将影响 SAGD 蒸汽前缘沥青的泄流速度，因此也影响蒸汽前缘的推进速度和产油速度。因此，原油黏度相对低对 SAGD 开发是有利的，但是只要当温度升高到 200℃，原油黏度能降到几十毫帕秒都是可以用 SAGD 方式来开发的。

7. 底水影响

底水对 SAGD 开发效果有一定的影响。底水的存在会在一定程度上降低 SAGD 过程的采收率，但总体来说影响不大。这是因为在 SAGD 生产中，蒸汽腔的压力是稳定的，并且水平井采油的生产压差较小，因此，只要不是特大水体（水体体积是油藏体积的 10 倍以上）、且不需大幅降低油藏压力（4MPa 以上）的底水油藏对 SAGD 效果不会产生大的影响。但是当底水非常活跃时，进入蒸汽腔的底水就会增多，对 SAGD 生产的影响就会加大。底水进入蒸汽腔之后，要被加热到近饱和状态，导致热效率降低。据 Butler（1991）对于典型 SAGD 的计算可知，每生产 1m^3 侵入的底水，就额外需要 1.5m^3 水当量的蒸汽。在已进行的存在底水的 SAGD 项目中，有成功的，也有效果不尽人意的。成功实例包括 AEC 的 Foster Creek 项目、CNRL 的 Tangleflags 项目等（Butler，1991）；但壳牌公司的 Peace River 项目（Butler，1991）效果不太理想（油汽比仅为 0.1，采收率仅为 10%），当然这也与油藏物性的差异有关。

8. 岩石润湿性

研究表明，亲油岩石生产效果最好，产率高，油汽比高，最终采收率也高，而亲水岩石的生产效果较差。这主要是因为对于亲水岩石，油水界面处的水膜较厚，影响了蒸汽对稠油的加热，另外水膜增厚使孔道变窄，影响了原油在重力作用下向生产井的泄流。

二、SAGD 油藏筛选标准

根据国外 SAGD 成功开采经验，结合油藏工程研究认识，双水平井 SAGD 的筛选准则一般为：

（1）油层连续厚度大于 10m。

（2）原油黏度大于 $10000\text{mPa} \cdot \text{s}$。

（3）水平渗透率大于 500mD。

（4）垂直渗透率和水平渗透率比值大于 0.2。

（5）油层中不存在连续分布的页岩夹层。

近年来，随着 SAGD 开发技术的日臻完善，在薄油层 SAGD 开发也得到了进一步发展。对于薄层油藏而言，尽管蒸汽热损失较大，但由于采用了氮气辅助 SAGD 等措施，蒸汽向顶部热损失明显减少，SAGD 在薄油层中的生产也见到了显著的开发效果。

第三节　SAGD 配套工艺技术

蒸汽辅助重力泄油（SAGD）是利用两口平行的水平井进行稠油开发的工艺技术。该技术在应用过程中存在完井技术要求复杂，隔热技术要求以及注采计量、监测方法等一系列的技术困难。解决 SAGD 的钻完井工艺、井下管柱结构、蒸汽及产液计量方法、井下测温测压等一系列工艺难题,可以为 SAGD 开发方式的大规模推广奠定基础。

一、完井工艺技术

1. 注汽井完井工艺技术

1)平行双油管水平注汽井管柱结构

国内外 SAGD 注汽井普遍使用平行双油管组合的管柱结构,这些双油管由一根下入脚尖的长油管和一根下入脚跟的短油管组成。高干度蒸汽注入两根油管并通过水平段割缝筛管进入油藏,与单油管注汽相比,可以提高水平段的吸汽均匀程度,避免局部汽窜(霍进等,2013,2014;李景玲等,2014;席长丰等,2016)。

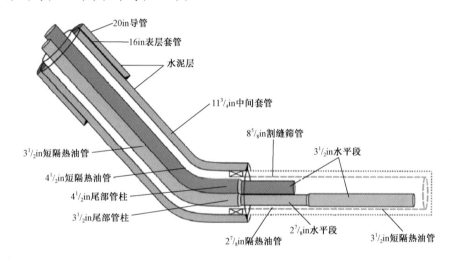

图 1-8　国外 SAGD 典型平行双油管注汽井管柱结构

如图 1-8 所示,国外典型的双油管注汽井管柱结构如下:

(1)圆井和 20in 导管。

(2)16in 表层套管。

(3)11¾in 中间套管。

(4)8⅝in 割缝筛管。

(5)4½in 尾部管柱在尾管悬挂器之前 20m 直径减小到 3½in,小直径段长 250m(进入水平井段 200m)。

(6)3½in 井头部管柱在尾管悬挂器之前 20m 直径减小到 2⅞in,小直径段长 260m。然后在剩余水平长度(从水平段头部往回 50m)将管柱再扩大直径到 3½in。

(7)短隔热油管:4½in(114.3mm)的短隔热注汽油管下入水平段脚跟附近,该隔热油管的延伸管为 3½in(88.9mm)隔热注汽油管。

(8)长隔热油管:3½in(88.9mm)的长隔热油管下入水平段脚尖,在脚跟附近与短油管延伸管对应部位的隔热油管尺寸缩小到 2⅞in(73mm)。

2）同心双油管水平注汽井管柱结构

国外 SAGD 试验区也试验过同心双油管水平注汽井管柱。相比平行双油管水平注汽井管柱而言，同心管占据的井筒面积较小，便于下入监测电缆。但不足之处在于 SAGD 生产过程中，需要调整长短管的位置或者其他井下作业时，通常需要同时起出两根油管，作业工作量较大（吴奇等，2002）。因此，同心管在国外 SAGD 现场应用较少。典型同心双油管水平注汽井管柱结构如图 1-9 所示。

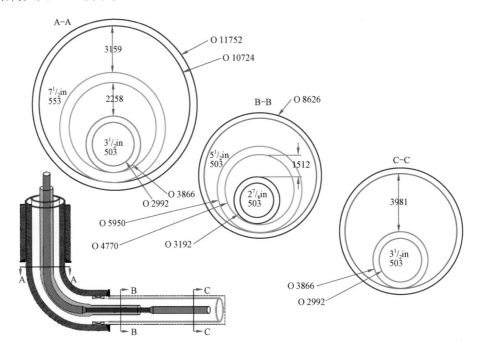

图 1-9   国外 SAGD 典型同心双油管注汽井管柱结构

2. 生产井完井工艺技术

1）平行双油管水平生产井管柱结构（自然举升）

国外 SAGD 油田在气举或自喷生产过程中，为了促进水平段均匀排液，通常采用平行双油管的生产井管柱结构。通常长油管下入水平段脚尖，短油管下入水平段脚跟（霍进等，2014）。

如图 1-10 所示，典型的双油管生产井管柱结构如下：

（1）圆井和 20in 导管。

（2）16in 表层套管。

（3）11¾in 中间套管。

（4）8⅝in 割缝尾管。

（5）4½in 尾部管柱在尾管悬挂器之前 20m 直径减小到 ½in，小直径段长 250m（进入水平井段 200m）。

（6）3½in 井头部管柱在尾管悬挂器之前 20m 直径减小到 2⅞in，小直径段长 260m。然后在剩余水平长度（从水平段头部往回 50m）将柱再扩大直径到 3½in。

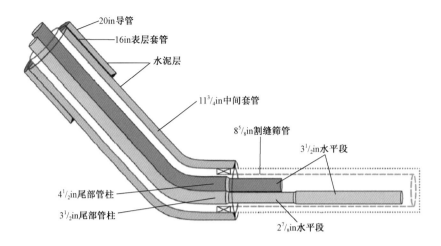

图 1-10 国外典型的 SAGD 双油管生产井管柱结构

2）人工举升水平生产井管柱结构

在 SAGD 人工举升过程中,通常采用螺杆泵或者电潜泵生产。生产井井筒内采用连上螺杆泵(PCP)或电潜泵(ESP)的单根油管,同时在井筒内下入仪表管。这些仪表管内部署了沿着水平段的单个或多个温度点,至少包括一个位于泵附近的压力监测点,用于监控泵性能(Mohammadzadeh 等,2012)。

如图 1-11 所示,国外典型的 SAGD 人工举升生产井管柱结构如下:

（1）圆井和 20in 导管。

（2）16in 表层套管。

（3）11¾in 中间套管。

（4）8⅝in 割缝尾管。

（5）螺杆泵置于距尾管悬挂器 20m 处的 4½in 管柱尾部。泵放置在倾角 82°~85°的 45m 长段内。

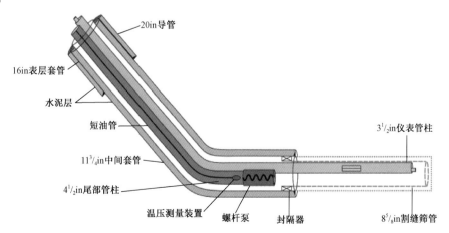

图 1-11 国外典型 SAGD 人工举升生产井管柱结构

（6）连接到井口的 3½in 仪表管柱，下入脚尖。

二、井筒隔热技术

SAGD 开发对蒸汽干度要求较高，高干度注汽是 SAGD 成功的关键，注汽系统设计要求满足井底蒸汽干度在 80% 以上，因此普遍采用了预应力隔热油管（鲁明，2011；王佩虎，2006；耿立峰，2007）。预应力隔热油管的优点在于：

（1）隔热油管的内管受到蒸汽热量影响时，可释放预施加的拉应力，以补偿内外管温差伸长，确保了产品在高温条件下工作的可靠性。

（2）密封环空内充填有吸气剂，其功能是延缓了系统随时间增加隔热性能的下降趋势，使产品在长期工作中保持良好的隔热性能。

（3）用隔热油管注汽可以使蒸汽热损失大幅降低，大幅提高了可注入深度和注入油层的蒸汽质量。

（4）降低了套管和水泥环的热应力，防止套管高温损坏。

三、监测工艺技术

1. 关键监测参数及用途

SAGD 开采过程中监测系统的建立和完善是保证开采效果和成功的关键（陈森，2012）。

1）关键参数

（1）蒸汽腔的温度和压力及在横向和纵向上的扩展。

（2）夹层对蒸汽腔的影响。

（3）生产井温度和压力的监测（水平段、泵下、井口）。

（4）注汽井的监测（压力、干度、流量、吸汽剖面）。

（5）试验区外溢程度。

（6）剩余油饱和度的变化。

（7）产出流体分析（油、水、含砂）。

2）用途

（1）计算生产井井底温度与蒸汽腔中饱和蒸汽温度差。重力泄油过程中生产井最重要的操作条件就是保证生产井井底的温度要比该压力下的饱和蒸汽温度低 5～10℃，这是防止汽窜和减小流体在泵内闪蒸的基本条件。

（2）蒸汽腔内压力和温度的变化是判断总注汽量是否足够或过量的标准，当注采平衡后，重力泄油期间的蒸汽腔的压力应该基本恒定。

（3）各个监测参数的变化特征是试验区开发效果评价、优化与调整的基础。

2. 监测手段和方式

1）监测手段

（1）温度监测：热电偶、光纤和井下电子温度计测温系统。

（2）压力监测：井下毛细管测压、井下电子压力计及动液面折算。

（3）饱和度监测：C/O 比、PND 及检查井岩心分析。

（4）蒸汽腔扩展监测：观察井、四维地震、微地震等。

（5）产出液分析：计量、化验。

（6）注汽参数的监测：流量用孔板流量计、地面干度化验分析、井下干度取样化验。

2）监测方式

（1）观察井温度：采用套管外预埋分布式光纤测量方式，老井转观察井的采用套管内分布式光纤或电子温度计测量方式。

（2）生产井水平段温度：热电偶（耐温高于400℃，监测点不连续）或光纤（耐温差，低于400℃，但监测点连续）。

（3）井下压力：井下毛细管测压监测，地面直读方式。

（4）剩余油饱和度：C/O比、PND、检查井。

（5）蒸汽腔扩展：观察井、跟踪数值模拟、微地震。

（6）井组外溢：示踪剂、观察井温度和压力。

（7）井底蒸汽干度：地面干度化验分析。

（8）产出液分析：矿化度化验。

3. 监测系统设计要点

（1）观察井要综合考虑，尽量做到一井多用。

（2）确保监测资料的准确性、代表性和系统性。

（3）不同布井方式相连部位均匀部署观察井，保证取得的资料具有可比性。

（4）水平段不同部位及不同距离部署观察井，掌握蒸汽腔发育及连通情况。

（5）相邻生产井垂深相差较大的部位部署观察井，了解蒸汽腔扩展情况，避免蒸汽腔突破到水平段垂深较浅的井。

（6）在井组的外围部署观察井，了解井组外溢情况，确定试验区评价范围。

4. 生产井监测系统

1）国内SAGD生产井监测系统

以新疆风城SAGD试验区为例，生产系统动态监测主要分井下和井口两部分（霍进等，2014）。水平井井下温度监测采用热电偶测温，共布置4个点，自上而下分别为抽油泵附近、水平段入口点（A点）、距端点1/3处、端点（B点）；压力监测采用毛细管测压，共布置2个点，由上至下分别为抽油泵附近、距端点1/3处。所有热电偶和毛细管均装在ϕ25mm连续细管内，将连续细管下在ϕ48mm导管内，以保证起下抽油泵时不会损坏连续细管（图1-12）；同时录取采油井口压力、温度、动液面资料。

2）国外SAGD生产井监测系统

国外SAGD开发的生产井的监测主要包括下入热电偶测温电缆，监测水平段温度分布；在入泵处设置测温点与测压点，监测入泵流体温度压力；在井口注汽管线入口处，监测温度、压力和蒸汽流量；在井口生产油管出口处，监测压力、产汽量和流量，监测节点如图1-13所示。

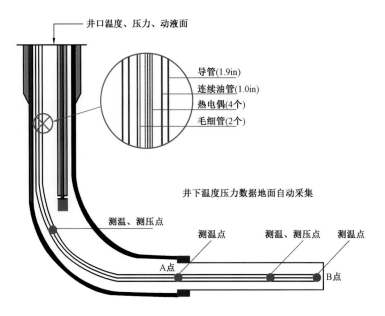

图1-12　水平井井下温度、压力监测设计示意图

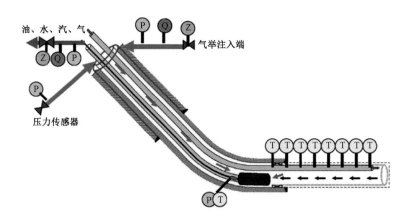

图1-13　国外SAGD生产井监测系统

5. 注汽井监测系统

1）国内SAGD注汽井监测系统

以新疆风城油田SAGD试验区为例,注汽系统动态监测也分井口和井下两部分(霍进等,2014)。各注汽井井口的实际注汽量用孔板流量计监测,汽水分离器前后干度采用钠度仪监测,同时录取注汽井口油套压,此外,用井筒取样的方式监测井底蒸汽干度。对于注汽井,水平井井下只需进行温度监测,采用热电偶测温,共布置3个点,自上而下分别为短管柱附近、水平段中部、脚趾附近,所有热电偶均装在$\phi 25\mathrm{mm}$连续细管内(图1-14)。

2）国外SAGD注汽井监测系统

国外SAGD注汽井监测系统包括井底温度、压力监测点,采用热电偶测温;井口注汽油管入口处蒸汽的压力、干度、流量监测(图1-15)。

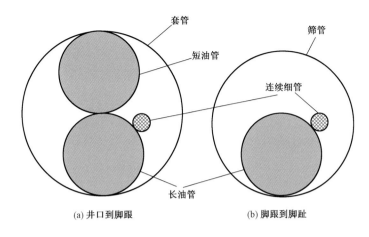

图 1-14 注汽井管柱及监测设计示意图

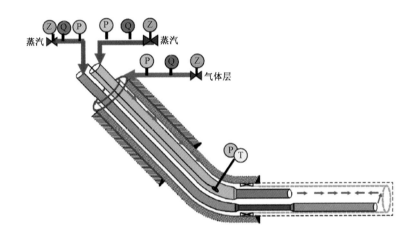

图 1-15 国外 SAGD 试验区注汽井监测系统

6. 观察井监测系统

观察井的主要目的是监测地层范围内蒸汽腔的扩展,帮助油藏模拟历史拟合,以协助生产。就井位而言,如果放置正确,观察井可提供许多信息。

(1)在某些油井数据有限的领域,提供 SAGD 油井钻探之前额外的钻探资料,以深化地质认识(产层基底和砂层基底)。

(2)作为对 SAGD 井对钻探的排列目标,这要求在 SAGD 油井之前钻探观察井。

(3)通过温度测量点,测量蒸汽腔的上升状况。

(4)测量各区域的压力(原油区域、顶部及底部贫瘠区域或天然气区域)。

(5)测量温度和压力的传播,根据所测温度和压力的传播距离来确定加密井的位置。允许使用可以帮助测定蒸汽腔的增长的测井仪器(即预留饱和工具)。

(6)提供关于蒸汽腔相互连通的时间及连通时蒸汽腔形状的资料。

(7)允许井间地震,与地面地震技术相比,其可提供更高的油藏特征分辨率(如果间隔适当,使侧向间距小于或等于深度)。

（8）显示完井试验的成功实施，如流量控制设备。

（9）从井下套管上的仪器可以提供地面起伏的测量值而不是从地表的变化特征而获得。

国内外观察井热电偶监测系统如图1－16所示：在目的油层内采用裸眼完井，下入监测不同埋深温度的连续热电偶和测压点，监测地层温度和压力的变化。

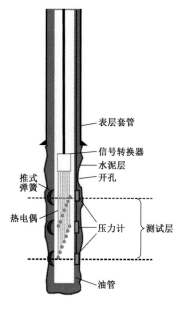

图1－16　典型 SAGD 观察井井身结构与监测点示意图

7. 光纤测温、测压技术

光纤是一种新型传感材料，具有耐高温、无迟滞、精度高、长期使用稳定、传输光信号（无电信号）、安全和防爆等特点，非常适合稠油高温测试条件，适用于高温观察井、注汽井、生产井。通过光纤对 SAGD 开采区块温度场、压力场的实时监测，能够及时提供了解蒸汽腔的形成过程、纵向上动用程度以及平面上的蒸汽前缘与热连通情况的连续监测数据，为注采参数的调整提供依据（耿立峰，2007）。

如图1－17、图1－18所示，该技术利用脉冲激光在光纤中传播时产生的拉曼背向散射光与测点温度相关的原理实现分布式温度测量。利用F—P腔光纤压力传感器的腔长变化量正比于压强的特性，通过地面解调仪测量井下 F—P 腔光纤压力传感器的反射干涉光谱，经处理得到井下压力。可采用套管外下入、环空下入、管内直接或捆绑下入等多种监测工艺，通过管外、管内监测工艺结合实现同井温压一体化监测。

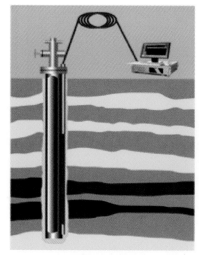

图1－17　观察井套管外预埋空心杆光纤测温示意图

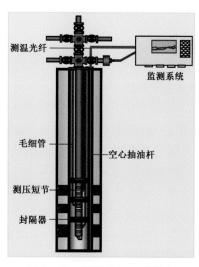

图1－18　管外光纤测温管内光纤分层测压示意图

8. 产出流体监测

国内外通常对 SAGD 产出液计量采用称重式翻斗流量计计量,产出原油的物理、化学变化采用全分析、黏度—温度曲线(以下简称黏—温曲线)监测。同时对产出液进行水的全分析和微量元素分析,判断高温条件下水岩反应趋势,预测储层的伤害程度。

第四节　国内外 SAGD 技术应用现状与发展趋势

一、SAGD 技术发展历程与现状

1. 国外情况

位于加拿大 Alberta 省北部的 UTF 试验区是世界上第一个 SAGD 技术先导性试验区(Butler,1991)。A 阶段试验(3 个水平 SAGD 井对)从 1986 年 10 月开始,B 阶段工程(3 个水平 SAGD 井对)于 1990 年初开始。先导性试验成功以后,SAGD 技术迅速进入了扩大试验和商业化规模开发阶段。

自 1998 年以来加拿大在不同类型的超稠油油藏中已经开发了 30 余个 SAGD 试验区,并建成了 8 个商业化开采油田,其日产油量均在 4000t 以上,其中 PanCanadian 和 OPTI Canadian Inc. 为两个较大的石油公司,SAGD 日产油量达到 1×10^4 t 以上。目前 SAGD 技术在加拿大已属成熟技术,年生产能力达 2000×10^4 t 以上。据加拿大国家能源部统计,2015 年,加拿大超稠油的日产量超过了 47.7×10^4 m^3(合 300.0×10^4 bbl),其中利用露天开采、钻井热采和钻井冷采生产的重油(沥青)分别占 52%、44% 和 4%,钻井热采中大部分采用 SAGD 方式开发。

2. 辽河油田 SAGD 技术应用情况

"九五"期间,在辽河油田杜 84 块开展了两口水平井(上注下采)的 SAGD 先导性试验,但由于某些问题,试验中途停止(耿立峰,2007)。2003 年辽河油田分公司在杜 84 块的馆陶组油层和兴Ⅵ组各开展一个 4 个井组的先导性试验区。2005 年 2 月开始,杜 84—馆平 11、杜 84—馆平 12、杜 84—馆平 10、杜 84—馆平 13 井组先后转入 SAGD 生产阶段。至 2007 年 6 月,试验区阶段注汽量为 93.89×10^4 t,阶段产油量为 19.78×10^4 t,阶段油汽比为 0.21,累积采注比为 0.83,采出程度 7.94%。辽河杜 84 块的超稠油直井与水平井组合 SAGD 试验取得了很好的开发效果。

2012 年 3 月,辽河油田 SAGD 区域生产井开井 124 口,日产液量为 10192m^3,核实日产油量为 1692t,含水率为 83.4%。注汽井开井 74 口井,日注汽量为 8589t,油汽比为 0.20,采注比为 1.19。其中已转 SAGD 开发的 42 个井组日注汽量为 6851t,日产液量为 9087t,日产油量为 1564t,含水率为 82.8%,油汽比为 0.23,采注比为 1.33。此外,先导性试验区 10 个井组,日注汽量为 1156t,日产液量为 2039t,日产油量为 410t,含水率为 79.9%,油汽比为 0.35,采注比为 1.76。

目前,辽河油田 SAGD 处于工业化推广阶段,预计曙一区超稠油将部署 109 个 SAGD 井组(双水平井 39 对),动用地质储量为 4380×10^4 t,增加可采储量为 1312×10^4 t,提高采收率

29.95 个百分点。

3. 新疆油田 SAGD 技术发展历程

1）阶段划分

新疆的 SAGD 技术发展及工业化推广应用历经 3 个阶段。

（1）前期研究阶段（2006—2008 年）。

该阶段为方案准备阶段，广泛调研了国内外 SAGD 技术应用状况，开展 SAGD 开采机理、油藏综合地质、开发筛选评价等多项基础研究，为 SAGD 开发试验提供技术支撑。

（2）先导性试验阶段（2008—2011 年）。

该阶段主要为工业化应用开展技术攻关，形成配套技术。

2007 年在中国石油天然气股份公司的统一部署和支持下，确立了风城超稠油 SAGD 开发先导性试验项目。按照"整体部署，分步实施；先易后难，结合产建"的原则，部署 4 个 SAGD 试验区（陈森等，2012）。

2008—2009 年先后开辟了 Z32 井区、Z37 井区 SAGD 先导性试验区，主要攻关目标是实现 50℃原油黏度在 $(2 \sim 5) \times 10^4 mPa \cdot s$ 的超稠油 Ⅱ 类油藏有效开发，并形成 SAGD 配套技术。两个先导性试验区共实施双水平井 SAGD 井组 12 对，观察井 38 口，水平段长度 300～521m，动用含油面积 $0.64km^2$，动用地质储量 $315.5 \times 10^4 t$，单井设计产能 15～30t，建立产能 $6.24 \times 10^4 t/a$。通过 4 年的探索与实践，初步形成了地质油藏、钻采工程、地面工程相关配套技术，两个先导性试验区分别于 2012 年 4 月和 2012 年 11 月（第 4 年）进入了稳产阶段，正常生产的 9 井组在稳产期平均日产油量为 29.8t，油汽比 0.33，取得了较好的效果，形成多项创新性认识，并建立了浅层超稠油双水平井 SAGD 开发油藏筛选标准，为新疆油田 SAGD 工业化、规模化应用奠定了基础。

2013 年，针对 50℃原油黏度在 $(5 \sim 20) \times 10^4 mPa \cdot s$ 的超稠油 Ⅲ 类油藏，又开辟 Z45 井区高黏 SAGD 试验区，对现有的 SAGD 开发技术进行评价、检验和完善，以形成适应超稠油 Ⅲ 类油藏的配套技术。Z45 井区高黏 SAGD 试验区共实施 5 井组，水平段长度 570～800m（1 井组为 800m 长水平段），水平井井距 70m。目前全部转 SAGD 生产，单井组日产油量为 15.8～28.1t，平均值为 18.8t，油汽比 0.14～0.20，平均值为 0.16，取得了较好的初期效果。

（3）工业化推广应用阶段（2012 年至今）。

依托先导试验取得的经验和技术，2012 年开始 SAGD 工业化推广应用，该阶段产量、技术大踏步前进。阶段累计建产能 $125.6 \times 10^4 t$，累计产油量为 $255.2 \times 10^4 t$，年产油量快速上升，由 2011 年的 $6.2 \times 10^4 t$ 迅速攀升至 2016 年的 $87.2 \times 10^4 t$；同时攻关了"储层精细刻画、蒸汽腔定量描述、快速均匀启动、生产动态分析与跟踪调控、措施增产提效、老区综合调整、信息配套应用"等系列关键技术。

至 2015 年 12 月底，新疆风城油田已开发 6 个层块，实施 SAGD 井组 169 对，动用含油面积 $9.01km^2$，动用地质储量近 $3000 \times 10^4 t$。2008—2015 年，SAGD 累计建产能 $131.79 \times 10^4 t$，累计生产原油 $163.9 \times 10^4 t$，2016 年生产原油 $87.2 \times 10^4 t$，截至 2017 年 SAGD 产量已突破百万吨。

2）应用效果

相比常规热采开发方式，SAGD 开发效益优势较为显著。

一是生产指标方面,SAGD 开发理论采收率可超过 50%,生产实践表明,SAGD 开发方式较常规直井、水平井蒸汽吞吐开发,具有单井产量高、油汽比高、采收率高的"三高"特点,单井产量是相似油藏条件下直井的 8～10 倍、水平井的 3～5 倍,并且稳产能力强。

二是经济指标方面,根据风城超稠油不同开发方式完全成本对比,SAGD 技术相对于传统方式具有明显的效益优势,并随着开发时间的延长,效益优势越明显。

3) 形成的主体技术

通过多年开发实践,新疆油田针对陆相强非均质储层的浅层超稠油双水平井 SAGD 开采技术走在了世界前列,取得相关专利 50 余项,形成完备的地质油藏、钻采工艺、地面工程主体配套技术。

(1) 地质油藏工程主体技术。

① SAGD 油藏描述技术。

采用"层次约束、模式指导"的储层构型分析方法,形成了"精细等时地层对比、构型模式建立、井间夹层预测、三维构型建模"的独特油藏描述流程。

② 关键参数设计与优化技术。

在储层构型研究的基础上,形成了以"设计参数论证—注采参数优化—生产指标预测"为主线的 SAGD 油藏工程关键参数设计方法,满足浅层超稠油 SAGD 开发油藏工程论证与设计。

③ 生产调控技术。

细分 SAGD 生产阶段,形成了针对 SAGD 开发不同阶段的标准调控流程和方法。预热阶段采用"井筒预热、均衡提压、稳压循环、微压差泄油"的操作流程,可有效保障热效率与均匀连通;生产阶段采用"注汽点优化、汽液界面建立、注采参数优化、增汽提液"为主线的面向目标精细调控思路,可有效保障生产效果。

④ 蒸汽腔定量描述技术。

综合生产动态参数、观察井温度监测数据、四维微地震监测数据、跟踪数值模拟结果,实现 SAGD 蒸汽腔由点到面,由面到体的全方位定量刻画,定量了汽腔大小、汽腔高度、纵横向扩展速度等核心参数。

⑤ SAGD 增产提效措施技术系列。

以提高采油速度和采收率为目标,创新井网,建立双层 SAGD 立体井网开发模式,优化井型,形成上翘式轨迹及鱼骨注汽井 SAGD;以提高水平段动用程度为目标,形成针对隔(夹)层发育及渗透率差异造成井间动用不均问题的高温分散剂改善井间泄油通道技术;以加速汽腔均衡扩展为目标,形成针对注汽井上方夹层阻碍汽腔发育问题的直井辅助 SAGD 技术;以提高热效率为目标,形成针对盖层热损失的非凝析气辅助 SAGD 技术。

(2) 钻采工程主体技术。

① 井眼轨迹控制技术。

应用磁导向技术成功实现了 SAGD 双水平井水平段井眼轨迹的精细控制,满足油藏开发要求。累计完钻 SAGD 双水平井 169 对,注采井距 4.84～6.10m,平均值为 5.16m。

② 平行双管注采工艺。

预热阶段采用长短管组合式平行双管管柱结构,注汽长管 A 点前采用隔热管;转 SAGD 生产时注汽井不作业,实现两点注汽;注汽水平井短管进入 A 点后 50～100m,避免跟部汽窜;

注汽井、采油井长管管鞋位置错开,避免尾端汽窜。

③ 水平段控液工艺。

针对水平段单点汽窜、单点泵抽导致水平段后端动用变差的问题,自主研制了 SAGD 水平井控液管柱,优化了举升进液点位置,平衡了水平段压力分布,降低了 Sub - cool 温度范围的控制难度,提高了水平段动用程度。

④ 高温大排量举升系统。

研制了 SAGD 高温大排量(耐温 300℃,排量 260m³/d)有杆泵举升系统,解决了举升闪蒸、抽油杆柱极易断脱的难题。采用 8 型智能长冲程皮带抽油机,平稳运行 2300 天以上;大排量有杆泵满足不同生产阶段需求;SAGD 用串接泵、注采两用泵,大幅降低了修井作业成本。

⑤ 复杂工况条件测试工艺。

水平井采用连续油管内预置热电偶测温工艺,解决了测试仪器安全入井、SAGD 高温条件下监测系统长期稳定工作的难题;观察井套管外光纤测温、套管内毛细管测压工艺,实现全井段测温。

(3)地面工程主体技术。

确定了以过热锅炉为主的注汽锅炉类型。目前现场使用的定型产品有 23t/h 燃气注汽锅炉和 130t/h 循环流化床注汽锅炉,出口干度 100%,过热度 5～30℃,较好地满足了 SAGD 生产需要。

针对 SAGD 产出液特点,形成了"汽液分离 + 换热降温 + 油水分离 + 浮油回收"的 SAGD 循环预热采出液处理技术及"气液分离 + 仰角分离器预脱水 + 热化学脱水"的 SAGD 生产阶段高温采出液密闭处理技术。

二、SAGD 技术发展趋势

蒸汽辅助重力驱油技术(SAGD)是目前稠油、油砂开采中最常用的热采技术之一,相比传统的蒸汽吞吐、蒸汽驱等技术具有产量稳定、采收率高等优势,但同时也不可避免地存在投资成本高、经济效益差等问题(Butler,2001)。该部分阐述了目前 SAGD 的技术创新,包括:单井 SAGD(SWSAGD)、溶剂辅助 SAGD(ES - SAGD)、泡沫辅助 SAGD(FA - SAGD)、燃烧辅助重力驱油技术(CAGD)及添氧辅助重力驱油技术(SAGDOX)等多项新技术的原理及优缺点,为稠油、油砂开发后续技术储备及创新提供了技术借鉴。

1. 单井 SAGD(SWSAGD)技术

近年来,Alberta 大学的相关人员研究了单井 SAGD 技术(Butler,2001)。单井 SAGD 技术是仅在一口井中实施 SAGD 技术,即在同一口井中通过管内封隔器封隔管柱和环空,分别实现蒸汽的注入和原油的采出,该技术适用于薄且浅的稠油油藏或油砂,能有效降低开发成本(霍进等,2014)。2008 年,哈里伯顿公司开始研发用于直井 SWSAGD 技术的套管;2012 年,Hocking 等研发出了特殊设计的 6 翼套管,套管壁均匀分布 6 个槽(图 1 - 19)。该技术垂直钻穿油藏,按照常规方法进行固井。套管下入油井后胀开,用焊接支架限制每个翼的张开幅度,直至套管完全张开后锁死而不闭合,从而保持各翼处于张开状态。利用压裂工艺在油井周围形成 6 个均匀分布的压裂面接触油藏,然后从油藏顶部注入蒸汽,从底部产出原油,进而实现重力泄油的目的(鲁明,2011;王佩虎,2006)。与传统 SAGD 相比,单井 SAGD 能在很低的油藏压力下实施,多方位的压裂支撑面最小化了油藏的各向异性;在适宜的蒸汽压力梯度下,利用重力效应进行稠油开采,减小了盖层破坏的可能性;具有蒸汽分布均匀及快速投入生产的优点,效率高(王佩虎,2006;耿立峰,2007;鲁明,2011;霍进等,2013,2014)。

图 1 - 19　膨胀前后 6 翼多方位套管结构(据 Hocking 等,2012)

2. 溶剂辅助 SAGD(ES - SAGD)技术

溶剂辅助 SAGD 技术,即 Expanding Solvent - SAGD(ES - SAGD),其关键点在于溶剂对原油流动性的改善与蒸汽腔的扩展效应(Mohammadzadeh,2012)。溶剂辅助 SAGD 技术可以解决传统 SAGD 技术在开采中所出现的问题。该技术结合了 SAGD 与 VAPEX 采油工艺的特点,通过溶剂与蒸汽的联合注入,不仅能进一步提高采收率,还能有效降低能源消耗。得克萨斯 A&M 大学利用室内实验研究了不同溶剂对采用 SAGD 技术采收率的影响。通过对比 SAGD 技术与 ES - SAGD 技术的开发效果可知,注入正己烷会引起稠油中沥青质的失水,可以提高油藏的最终采收率并且能够减少能量消耗;而注入正己烷和甲苯两种溶剂比单纯注入正己烷的优越性更加明显,开发效果明显改善、含水率大幅降低和能量消耗明显减少(Butler,2001;陈森等,2012;Guindon,2015)。与传统 SAGD 相比具有采收率高和油汽比高、能源消耗低和生产成本低的优势。

3. 泡沫辅助 SAGD(FA - SAGD)技术

2010 年,Stanford 大学提出了 FA - SAGD(Dong 等,2015),即泡沫辅助 SAGD 技术,目前正处于研发阶段。SAGD 技术的实施过程中,由于油藏的非均质和蒸汽窜流,导致蒸汽腔发育不均匀,波及效率低,大幅降低了原油产量。由于泡沫能够增加气相表观黏度,降低蒸汽相(气相)的流度,被广泛应用于各种气驱过程以提高油藏的采收率。通过加入发泡剂与非凝析气体,在储层孔道中形成大量泡沫,高强度的泡沫能够封堵高渗透层,有效抑制驱替液进入高渗透带,转向进入中低渗透带,提高波及面积,扩大动用范围,从而改善油藏的开发效果。FA - SAGD 技术实施过程是将表面活性剂连续或者间断伴随蒸汽注入油藏来产生蒸汽泡沫。

它通过两种机理来改善 SAGD 技术的效果。

(1)泡沫的强弱依赖于液相的饱和度值即液相含量,有利于改善垂向上的蒸汽腔分布状态;冷凝水在重力作用下向下移动,因此蒸汽腔上部的蒸汽干度高,较低部位为低干度蒸汽甚至水相;如果同时注入蒸汽和分散溶剂,就会在蒸汽腔的低部位(主要是在井间区域)形成泡沫,因此会减少蒸汽向生产井的窜流。

(2)泡沫能封堵油藏中的高渗透区域,使蒸汽流向低渗透区域;如果仅注入蒸汽,油藏的非均质性会造成蒸汽腔发育不连续,而如果伴随蒸汽注入一定量的发泡剂,会在高渗透区域生成泡沫,阻止蒸汽的流动,同时使蒸汽转向至低渗透性区域,促使井筒沿程的蒸汽腔均匀发育。与传统 SAGD 技术相比,由于井间区域蒸汽泡沫的存在,增加了流动阻力,降低了生产井中蒸汽的产出量,有效提高了蒸汽的利用率(杨洪等,2016;Butler 等,1981;Butler 和 Stephens,1981)。

4. 燃烧辅助重力驱油(CAGD)技术

火烧油层技术(In - Situ Combustion)是指将空气注入油层中,使油层在地下部分燃烧而进行驱替剩余原油的驱油技术,而最为熟知的水平井火烧油层技术(Toe to Heel Air Injection,THAI),是由一个水平井和一个或者多个距离水平井尾部一定距离的垂直空气注入井组成,可以大幅提高稠油的采收率。但是由于该工艺的燃烧前缘推进方向难以控制,造成平面及纵向波及系数低,导致最终采收率远低于预期值(Butler,1994;任瑛等,2001;孙新革,2012)。Pfefferle 于 2008 年提出了燃烧辅助重力驱油技术(Combustion Assistant Gravity Drainage,CAGD)。它是一种新的稠油火烧油层技术,具有特定方位的双水平井系统,帮助燃烧腔的形成和燃烧前端的稳定增长(任瑛等,2001;孙新革,2012)。传统的火烧油层技术是通过直井来提供燃烧所需的大量空气,尽管可以通过增加注入压力来增加气体注入量,但会引起气体指进和高气油比等一系列的问题。而 CAGD 技术采用 SAGD 技术的井网结构,应用水平井使注入空气在地层中的分布区域更加宽广,形成更大范围的燃烧腔;与传统 SAGD 技术相比,在相同原油产量的前提下,CAGD 技术的累积油汽比高,开发效果好(何万军等,2015;刘梦,2012;魏绍蕾等,2016)。

5. 添氧辅助 SAGD(SAGDOX)技术

传统注入氧气的火烧油层技术已经在一些油田进行了现场试验,其优点是燃烧后放热量高,燃烧产物接近纯 CO_2,由于 CO_2 可以溶入原油而使得原油黏度大幅降低,从而改善原油的流动能力。针对油层薄、油品低和埋藏深等不适用 SAGD 的油藏,Nexen 公司(Guindon,2015)提出了添氧蒸汽辅助重力驱油技术(Steam Assisted Gravity Drainage with the Addition of Oxygen Injection,SAGDOX)。该技术结合了 SAGD 和火烧油层两种工艺,通过优化蒸汽与氧气的比例,在保持燃烧效率和生产效率的同时,减少了向油藏注入蒸汽而产生的高成本。该技术采用了与 SAGD 类似的井网结构,不同之处在于通过封隔器隔离双管环空来实现蒸汽和氧气的分别注入以及沥青、水相和气体的分别排出。SAGDOX 技术的井身结构更适合于薄油藏。如果油藏厚度小于 10 ~ 15m,不足以容纳两口水平井,则比较适合"指端到跟端"和"单井"的井网几何结构(图 1 - 20)。如果埋藏较深或者压力较高,燃烧生成的 CO_2 可以溶解于产出流体或者滞留于油藏中,因此无须配置单独的废气处理系统。与传统 SAGD 技术相比,该技术更适合于中薄油藏,即保留了注蒸汽的优点又达到了节约成本的目的。在达到经济上限之前,停止蒸汽注入而进行火烧油层,燃烧产生的蒸汽和汽化的原生水大大降低了蒸汽使用量。在目前常规的 SAGD 井网中加钻一口直井注入氧气,或采用封隔器来隔离注入井环空,实现氧气与蒸汽的分别注入,这样即可转化为 SAGDOX 技术,再通过封隔器来隔离水平生产井垂直部分的环空来排放废气。

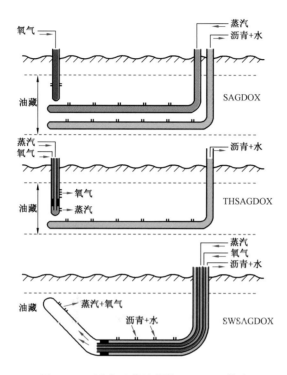

图 1 - 20　适合于薄油藏的 SAGDOX 技术

第二章 双水平井 SAGD 开发关键理论与计算方法

第一节 饱和蒸汽的物性参数计算理论

一、饱和蒸汽相态理论

饱和蒸汽定义为在一定压力下,对饱和水继续加热,饱和温度保持不变,但水陆续地转化为蒸汽,这种具有饱和温度的水蒸气称为饱和蒸汽(Pacheco,1972)。饱和蒸汽温度与饱和蒸汽压力定义为在一定压力下,对水不断加热,水温逐渐上升,最后开始沸腾,温度不再上升,叫作水在一定压力下的饱和蒸汽温度,对应的压力为该饱和温度下的饱和蒸汽压力。通常饱和蒸汽中含有一定的水分,称为湿饱和蒸汽。如果湿饱和蒸汽再继续加热,其温度仍然不变,而湿饱和蒸汽中的水分全部变为蒸汽,这种蒸汽称为干饱和蒸汽。饱和蒸汽温度与饱和蒸汽压力一一对应,随饱和蒸汽压力的升高,饱和蒸汽温度也相应升高。过热蒸汽定义为将干饱和蒸汽继续加热,此时压力不变而蒸汽温度升高,并超过了饱和蒸汽的温度,这种蒸汽称为过热蒸汽(曾凡刚和李赞豪,1999)。

饱和蒸汽的相关热参数,包括:

(1)饱和水热焓:在压力不变的情况下,把 1kg 水从 0℃加热到饱和温度所需要的热量,称为饱和水热焓(也称液体热或显热),与压力有关,压力越高,饱和水的热焓越大。其单位是千焦/千克或千卡/千克,用符号 kJ/kg 或 kcal/kg 表示。

(2)汽化热:在压力不变的情况下,把 lkg 饱和温度的水变为相同温度的干饱和蒸汽所需要的热量,称为汽化热(也称汽化潜热或蒸发热),它也与压力有关,但压力越高,汽化热越小。其单位是千焦/千克或千卡/千克,用符号kJ/kg或 kcal/kg 表示。

(3)干饱和蒸汽含热量:干饱和蒸汽的含热量等于饱和水含热量(液体热)与汽化热(汽化潜热)之和,压力越高,干饱和蒸汽含热量越大。其单位是千焦/千克或千卡/千克,用符号 kJ/kg或 kcal/kg 表示。

由于在双水平井 SAGD 过程中,注入水的相态为饱和蒸汽,而饱和蒸汽具有独特的状态、密度、相态、摩擦系数、黏滞系数、压缩因子、比热容、比热焓等特征,因此本节针对蒸汽的上述特征进行了总结。

二、饱和蒸汽状态方程

在进行水力计算时,通常把蒸汽看作理想气体。但蒸汽的比热容比普通气体小很多,分子本身的容积占全部容积的比例是不可忽略的,且随着分子间平均距离的减小,分子间的内聚力急剧增大,也不能忽略不计。另外,在蒸汽输送过程中常有相态变化,蒸汽密度和动力黏度相应发生较大变化,因此蒸汽热力性质比理想气体复杂得多。因此,在相关分析计算中,若把蒸汽看作理想气体会给计算带来较大误差。本节介绍了若干精度较高的计算方法。

1. 乌卡诺维奇状态方程

乌卡诺维奇状态方程是以实际气体分子结合理论为基础,结合实验结果整理出的状态方程式,适用于压力40MPa、温度800℃以下的介质状态,计算精度高。其公式见式(2-1):

$$pV = RT\left(1 - \sum_{i=1}^{n} B_i v^{-i}\right) \qquad (2-1)$$

式中 p——压力,Pa;

　　V——气体的体积,m³;

　　R——蒸汽气体常数,J/(mol·K);

　　T——绝对温度,K;

　　B——维里系数。

以蒸汽为研究对象,只考虑两双分子和三分子结合的情况($n=2$),在式(2-2)中有

$$\begin{cases} B_1 = \dfrac{a}{RT} - b + \dfrac{CR}{T^{\frac{3+2m}{2}}} \\[2mm] B_2 = \dfrac{bCR}{T^{\frac{3+2m}{2}}} - 4\left(1 - \dfrac{k}{T^{\frac{3m_1+4m}{2}}}\right)\left(1 + \dfrac{8b}{v} - \dfrac{n}{v^3}\right)\left(\dfrac{CR}{T^{\frac{3+2m}{2}}}\right)^2 \end{cases} \qquad (2-2)$$

其中,常量及常数项取值为:$m = 1.968$,$C = 3.9 \times 10^5$,$a = 63.2\text{m}^3/\text{kg}$,$b = 0.00085\text{m}^3/\text{kg}$,$R = 461.5\text{J}/(\text{kg} \cdot \text{K})$。$m_1 = 2.957$,$n = 35.57 \times 10^{-9}$,$k = 22.7$,$C = 3.9 \times 10^5$,$a = 63.2\text{m}^3/\text{kg}$,$b = 0.00085\text{m}^3/\text{kg}$,$R = 461.5\text{J}/(\text{kg} \cdot \text{K})$。

乌卡诺维奇状态方程对温度在250℃以内的过热蒸汽有很好地符合程度(偏差在0.1%左右);在250~300℃的温度范围,靠近饱和线附近的偏差较大,可达1%;在300~350℃的温度范围,靠近饱和线附近偏差可达6%,因此,在250℃以内的温度范围使用此方程比较合适。

2. LAPWS-IF97 工业公式

水和蒸汽热力学性质的新工业标准——LAPWS-IF97工业公式,包括了计算水和蒸汽热力学性质的所有方程。该公式是水和蒸汽性质国际协会(IAPWS)于1997年在德国Erlange召开的年会上确认的国际标准,其计算精度高、涵盖范围广。LAPWS-IF97工业公式将水和蒸汽的不同状态分为5个区域,每个区都有不同的计算公式。工业上最常用的是压力低于16.65MPa、温度低于600℃的过热蒸汽和饱和蒸汽,属于LAPWS-IF97工业公式的第2区,计算蒸汽比热容的公式如下:

$$v(\pi, \tau) = \frac{\pi(\gamma_\pi^0 + \gamma_\pi^\tau)RT}{P} \qquad (2-3)$$

由实际气体状态方程$pV = ZRT$可知,蒸汽压缩因子见式(12-4):

$$Z = \pi(\gamma_\pi^0 + \gamma_\pi^\tau) = \pi\left[1/\pi + \sum_{i=1}^{43} n_i I_i \pi^{I_i-1}(\tau - 0.5^{J_i})\right] \qquad (2-4)$$

其中,$\gamma_\pi^0 = 1$,$\gamma_\pi^\tau = \sum_{i=1}^{43} n_i I_i \pi^{I_i-1}(\tau - 0.5)^{J_i}$,$\pi = \dfrac{p}{p^*}$,$\tau = \dfrac{T}{T^*}$。其中,$p^* = 1\text{MPa}$,$T^* = 540\text{K}$,

R 为水物质气体常数,值为 $0.461526kJ/kg/K$,n_i、I_i、J_i 为计算常数。

由式(2-4)可求得蒸汽热力学关联式(2-5)、式(2-6):

(1)定压条件下比热容对温度的微分关系式:

$$\left(\frac{\partial v}{\partial T}\right)_p = \frac{R}{\pi} + R\sum_{i=1}^{43}\left[n_iI_i\pi^{I_i-1}(\tau-0.5)^{J_i} + n_iI_i\pi^{I_i-1}(\tau-0.5)^{J_i-1}(-\tau)\right] \quad (2-5)$$

(2)定温条件下比热容对压力的微分关系式:

$$\left(\frac{\partial v}{\partial P}\right)_r = \left[-\frac{1}{\pi^2} + \sum_{i=1}^{43}n_iI_i(I_i-1)\pi^{I_i-2}(\tau-0.5)^{J_i}\right]R\left(\frac{T^*}{\tau}\right) \quad (2-6)$$

SAGD 生产应用中,可选用 LAPWS-IF97 工业公式的第 2 分区蒸汽比热容计算公式,即把式(2-3)作为蒸汽水力热力耦合计算模型的状态方程。

三、饱和蒸汽密度方程

由于蒸汽的可压缩性,蒸汽输送过程中,对整个系统来说,密度变化很大,但对系统内某个管段来讲,密度变化不明显,因此对每一管段仍可按不可压缩气体计算,只不过这时不同管段的密度不同罢了。可根据 LAPWS-IF97 工业公式中 2 区蒸汽比热容计算公式求得蒸汽管段密度。根据比热容和密度的关系,由式(2-3)得到蒸汽密度计算式:

$$\rho = \frac{1}{v(\pi,\tau)} = \frac{p}{\pi(\gamma_\pi^0 + \gamma_\pi^\tau)RT} \quad (2-7)$$

式中各项物理意义同上。

对于过热蒸汽,当前工程上常用的密度计算公式见式(2-8),是周生田等在论文《水平井变质量流研究进展》中给出的拟合公式:

$$\rho = \left[0.000461\frac{T}{p} - \frac{1.45}{(T/100)^{3.5}} - \frac{60309626p^2}{(T/100)^{13.5}} - 0.0022\right] \quad (2-8)$$

该式在温度为 $200 \sim 570℃$、压力为 $0.5 \sim 11.5MPa$ 范围内误差为 $\pm 0.22\%$,而当压力低于 $0.5MPa$ 时误差较大,但对于石油工业应用而言,完全可满足精度要求。

四、饱和蒸汽压力方程

根据克劳修斯—克拉贝龙关系式,可导得

$$d\ln p_v/d(1/T) = -\Delta H_v/R\Delta Z_v \quad (2-9)$$

现若忽略 $\Delta H_v/R\Delta Z_v$ 与温度 T 的影响关系,经积分式(2-9)后,可得

$$\ln p_v = A - (B/T) \quad (2-10)$$

应当指出,上式虽有较广的普遍性,但要使方程能在较宽的范围内满足蒸汽压特性,方程中应该保持 4 个以上的系数项。现据饱和水蒸气特点,经推导可得水蒸气压方程:

$$\ln p_r = \left[1/(T_r - e)\right](aT_r + bT_r^3 + c + dT_r^7) \quad (2-11)$$

式中　$a \sim e$——常系数项。

对于水蒸气的取值见表 2-1。

表 2-1 *a~e* 取值表

$T(K)$	a	b	c	d	e
273.15~647.30	7.110303	-0.544854	-6.80293	0.23619	0.056074

五、饱和蒸汽摩擦阻力系数

高温、高压条件下,蒸汽的流动一般处于紊流状态。由于紊流的复杂性,摩擦阻力系数 λ 的确定不可能像层流那样严格地从理论上推导出来,它的数值与蒸汽流动状态、管道内壁的粗糙度、连接方法有关(Gould 等,1974)。其求解方法主要为:一是直接根据紊流沿程损失的实测资料,综合成阻力系数 λ 的纯经验公式;二是用理论和实验相结合的方法,以紊流的半经验理论为基础,整理成半经验公式。常用计算摩擦阻力系数 λ 的方法有谢维列夫公式、柯列勃洛克(C. F. Colebrook)公式和阿里特苏里公式,其中,阿里特苏里公式形式简单,计算方便,适用于紊流三个区的综合公式。根据各公式适用范围,计算摩擦阻力系数时可选用阿里特苏里公式,即:

$$\lambda = 0.11\left(\frac{\Delta}{D} + \frac{68}{Re}\right)^{0.25} \qquad (2-12)$$

式中 Δ——蒸汽管道的当量绝对粗糙度,mm,取 $\Delta = 0.2$mm;

Re——雷诺数,其计算公式为 $Re = \dfrac{uD}{\bar{v}\mu}$。

六、饱和蒸汽动力黏滞系数

动力黏滞系数反映了黏滞性的动力性质,蒸汽和水的黏滞系数随温度变化的规律是不同的,水的黏滞性随温度升高而减小,蒸汽的黏滞性随温度升高而增大。可以认为,蒸汽的动力黏滞系数只随温度变化而变化(Gould,1974;Chierici,1974)。蒸汽在输送过程中,由于蒸汽状态不断发生变化,动力黏度对蒸汽流动的影响较大,不能忽略。因此,利用蒸汽动量方程求解蒸汽压力时,应考虑动力黏滞系数的影响。蒸汽动力黏度计算公式见式(2-13)、式(2-14)(Durrant 等,1986):

$$\mu = \mu_0 \exp\left[\frac{\rho}{\rho^*} \sum_{i=0}^{5} \sum_{j=0}^{4} d_{ij}\left(\frac{T^*}{T} - 1\right)\left(\frac{\rho}{\rho^*} - 1\right)^j\right] \qquad (2-13)$$

$$\mu_0 = 10^{-6}\left(\frac{T}{T^*}\right)^{0.5}\left[\sum_{k=0}^{3} e_K\left(\frac{T^*}{T}\right)^K\right]^{-1} \qquad (2-14)$$

式中 ρ——管道内蒸汽密度,kg/m³;

T——管道内蒸汽温度,K;

ρ^*——临界点密度,$\rho^* = 371.763$kg/m³;

T^*——临界温度,$T^* = 647.27$K;

e_K——系数,其中,$e_0 = 0.018158$,$e_1 = 0.017762$,$e_2 = 0.0105287$,$e_3 = 0.0036744$;

d_{ij}——系数,其值见表 2-2。

表2-2　水蒸气黏度计算方程系数表

d_{ij}	$j = 0$	$j = 1$	$j = 2$	$j = 3$	$j = 4$
$i = 0$	0.50193	0.235622	-0.274637	0.145831	-0.0270448
$i = 1$	0.162888	0.789393	-0.743539	0.263129	-0.0253093
$i = 2$	-0.130356	0.673665	-0.959456	0.34247	-0.0267758
$i = 3$	0.907919	1.207552	-0.687343	0.213486	-0.0822904
$i = 4$	-0.551119	0.0670665	-0.497089	0.100754	0.0602253
$i = 5$	0.146543	-0.084337	0.195286	-0.032932	-0.0202595

该式适用于温度在 0～799.85℃ 范围内、压力低于 100MPa 的水和水蒸气,但在临界状态点附近(温度在 361.85～366.85℃ 内、压力在 21.5～23MPa 内),采用该式计算所得结果相对误差在 15% 左右,不宜采用。

七、饱和蒸汽压缩因子

蒸汽流速较高,在流动过程中压力和温度不断降低,其密度的变化很大,已不能视为常数,此时必须考虑蒸汽的可压缩性。根据 LAPWS－IF97 工业公式中 2 区多参数状态方程求解蒸汽压缩因子,见式(2-15):

$$Z = \pi(\gamma_{\pi}^{0} + \gamma_{\pi}^{r}) = \pi\left[1/\pi + \sum_{i=1}^{43} n_i I_i \pi^{I_i-1}(\tau - 0.5)^{J_i}\right] \qquad (2-15)$$

式中,各参数含义及取值同式(2-4),此处从略。

图2-1、图2-2 分别是蒸汽动力黏滞系数、压缩因子随温度和压力的变化曲线。由图2-1可知,蒸汽动力黏滞系数随压力的升高略有降低,压力每升高 0.5MPa,黏滞系数降低 0.4×10^{-6}kg/(m·s);但随着温度的升高,动力黏滞系数明显增大;且蒸汽过热度越大,动力黏滞系数变化趋势越大。因此,可以认为蒸汽动力黏度只随温度变化而变化。

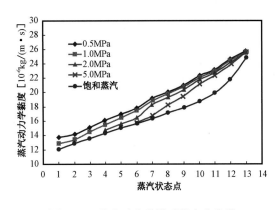

图2-1　蒸汽动力黏滞系数变化曲线

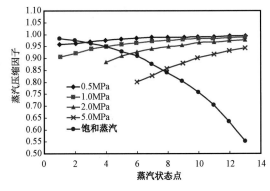

图2-2　蒸汽压缩因子变化曲线

图2-2 显示,饱和蒸汽的压缩因子随温度、压力的升高而降低;过热蒸汽的压缩因子随温度的升高而增大,随压力的升高而降低,且当蒸汽温度不变时,压力越高,压缩因子降低的趋势更大。

八、饱和蒸汽定压比热容及热焓

蒸汽定压比热及热焓是压力和温度的函数,其数值依然根据 LAPWS – IF97 工业公式中 2 区蒸汽比焓计算公式求得

$$C_p(\pi, \tau) = -\tau^2(\gamma_{\tau\tau}^0 + \gamma_{\tau\tau}^r)R \qquad (2-16)$$

$$h(\pi, \tau) = \tau(\gamma_\tau^0 + \gamma_\tau^r)RT \qquad (2-17)$$

其中, $\gamma_{\tau\tau}^0 = 0 + \sum_{i=1}^{9} n_i^0 J_i^0 (J_i^0 - 1) \tau^{J_i^0 - 2}$; $\gamma_{\tau\tau}^r = \sum_{i=1}^{43} n_i \pi^{I_i} J_i (J_i - 1)(\tau - 0.5)^{J_i - 2}$; $\gamma_\tau^0 = \sum_{i=1}^{9} n_i^0 J_i^0 \tau^{J_i^0 - 1}$; $\gamma_\tau^r = \sum_{i=1}^{43} n_i \pi^{I_i} J_i (\tau - 0.5)^{J_i - 1}$ 。其中, n_i^0, J_i^0 为计算常数,其数值详见表 2 – 3。

表 2 – 3 蒸汽热焓计算系数表

i	J_i^0	n_i^0	i	J_i^0	n_i^0
1	0	$-0.96927686500217 \times 10^{-1}$	6	-2	$0.1424081917444 \times 10^{1}$
2	1	$0.10086655968018 \times 10^{2}$	7	-1	$-0.43839511319450 \times 10^{1}$
3	-5	$-0.56087911283020 \times 10^{-2}$	8	2	-0.2840863260772
4	-4	$0.7145273808145 \times 10^{1}$	9	3	$0.21268463753307 \times 10^{-1}$
5	-3	-0.40710498223928			

根据以上数据,结合饱和蒸汽的性质表明,当注入蒸汽的注入压力越高,单位体积不同干度蒸汽所具有的热焓和比热容越接近(图 2 – 3、图 2 – 4),因此压力越高,蒸汽的干度对蒸汽热焓和比热容的影响越小。

蒸汽流速较高,在流动过程中压力和温度不断降低,其密度变化很大,已不能视为常数,此时必须考虑蒸汽的可压缩性(Siu 等,1991;Ihara 等,1995;吴永彬等,2012;Bahonar 等,2013)。

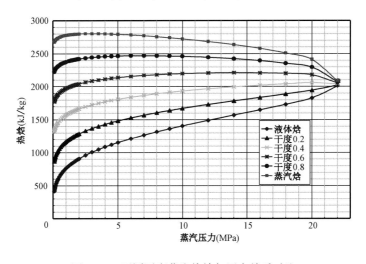

图 2 – 3 不同干度蒸汽热焓与压力关系对比

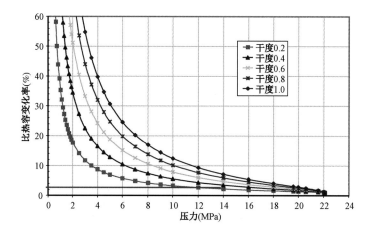

图 2-4　不同干度蒸汽比热容与压力关系对比

第二节　双管注汽水平井井筒关键参数计算理论

一、井筒内沿程参数计算模型

1. 基本假设

双水平井 SAGD 过程中,注汽井双油管井筒(图 2-5)基本条件假设如下:

(1)水平段所处油层水平、均质、等厚(厚度为 H)、无限大;

(2)短油管下入水平段 A 点,长油管下入水平段 B 点;

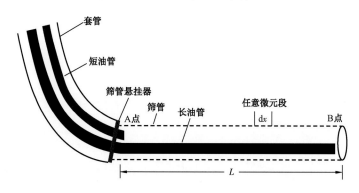

图 2-5　SAGD 注汽井双油管管柱结构示意图

　　(3)沿程参数计算从水平段 A 点开始,不考虑油管接箍、筛管悬挂器等对热损失的影响。热量从井筒传递到筛管外缘为稳态传热,从筛管外缘传递到地层为非稳态传热。

　　(4)注入蒸汽干度、注入压力、注入速度在 A 点为已知定量。

　　基于上述假设,依据普通水平井注蒸汽井筒参数计算的基础质量守恒方程、能量守恒方程及动量守恒方程,采用双油管质量流速耦合计算方法,针对双水平井 SAGD 循环预热及生产阶段的不同管柱组合情况,分别建立了注汽井双油管井筒内沿程参数计算的质量守恒方程、能量守恒方程及动量守恒方程(吴永彬等,2012)。

2. 质量守恒方程

对于普通水平井井筒内任意一微元段,蒸汽流动的基础质量守恒方程为

$$\Delta v_{sx}\Delta t - A\mathrm{d}x\frac{\partial \rho_{\mathrm{m}}}{\partial t}\Delta t = v_{is}\mathrm{d}x\Delta t \tag{2-18}$$

式中 Δv_{sx}——蒸汽质量流速变化量,kg/s;

      Δt——时间变化量,s;

      A——流动面积,m²;

      $\mathrm{d}x$——小微元的长度,m;

      ρ_{m}——蒸汽与水混合物的密度,kg/m³;

      v_{is}——入口处蒸汽质量流速,kg/s。

1)SAGD 循环预热阶段

SAGD 循环预热阶段水平井井筒内蒸汽流动质量守恒方程分两种情况讨论。

(1)蒸汽从长油管注入从短油管返回。由于此情形下在长油管内无蒸汽进入地层,则 $v_{is}=0$,因此长油管内蒸汽流动质量守恒方程为

$$\Delta v_{sx}\Delta t - A_1\mathrm{d}x\frac{\partial \rho_{\mathrm{m}}}{\partial t}\Delta t = 0 \tag{2-19}$$

式中 A_1——长油管的横截面积,m²;

      其他参数含义同式(2-18)。

(2)长油管内蒸汽自 B 点流出,沿环空流向 A 点。由于此情形下蒸汽在压差作用下,部分流入地层,则 v_{is} 不为 0,因此环空内蒸汽流动质量守恒方程为

$$\Delta v_{sx}\Delta t - A_{\mathrm{a}}\mathrm{d}x\frac{\partial \rho_{\mathrm{m}}}{\partial t}\Delta t = v_{is}\mathrm{d}x\Delta t \tag{2-20}$$

式中 A_{a}——环空的横截面积,m²;

      其他参数含义同式(2-18)。

2)SAGD 生产阶段

SAGD 生产阶段水平井井筒内蒸汽流动质量守恒方程分 3 种情况讨论。

(1)长油管注汽、短油管停注。长油管内蒸汽流动质量守恒方程满足式(2-19),长油管内蒸汽自 B 点进入环空后,沿水平段进入地层,质量守恒方程满足式(2-20)。

(2)长油管停注、短油管注汽。蒸汽直接从 A 点进入环空,沿水平段进入地层,质量守恒方程满足式(2-20)。

(3)长油管与短油管同时注汽。双管同时注汽时,对于环空内任意微元段,短油管内自 A 点进入环空的蒸汽和长油管内自 B 点进入环空的蒸汽分别以质量流速 v_{sxs} 和 v_{sx1} 从 x 轴的正方向与反方向进入微元段。则单位时间内沿井筒流入、流出微元段的质量差为:

$$\Delta v_{sxt} = \Delta(v_{sxs}+v_{sx1}) = \Delta\left[\left(v_{ss}-\int_0^x v_{iss}\mathrm{d}x\right)+\left(v_{s1}-\int_0^{L-x} v_{is1}\mathrm{d}x\right)\right] \tag{2-21}$$

式中　Δv_{sxt}——单位时间内蒸汽质量流速变化量,kg/s;

　　　v_{sxs}——短油管内蒸汽质量流速,kg/s;

　　　v_{sx1}——长油管内蒸汽质量流速,kg/s;

　　　v_{ss}——蒸汽相的质量流速,kg/s;

　　　v_{s1}——蒸汽相的质量流速,kg/s;

　　　Δt——时间变化量,s;

　　　A——流动面积,m^2;

　　　dx——小微元的长度,m;

　　　ρ_m——蒸汽与水混合物的密度,kg/m^3。

将式(2−21)代入式(2−20),得到长油管与短油管同时注汽时环空内任意一点蒸汽流动的质量守恒方程:

$$\Delta v_{sxt}\Delta t - A_a dx \frac{\partial \rho_m}{\partial t}\Delta t = v_{is} dx \Delta t \qquad (2-22)$$

3. 能量守恒方程

普通水平井井筒内蒸汽流动基础能量守恒方程为:单位时间内,水平段单位长度上地层能量的增加等于单位长度上蒸汽本身损失的能量减去摩擦带来的能量损失再减去单位长度上的热损失(Ihara 等,1995;Bahonar 等,2013),即

$$-\left(v_{is}h_m + \frac{v_{is}v_r^2}{2}\right) = \frac{dW}{dx} + \frac{d\left(v_{sx}h_m + \frac{v_{sx}v_m^2}{2}\right)}{dx} + \frac{dQ}{dx} \qquad (2-23)$$

1)SAGD 循环预热阶段

SAGD 循环预热阶段水平井井筒内蒸汽流动能量守恒方程分两种情况讨论。

(1)长油管内无蒸汽流入地层,则 v_{is}、v_r 均为0,故长油管内能量守恒方程为

$$\frac{dW}{dx} + \frac{d\left(v_{sx}h_m + \frac{v_{sx}v_m^2}{2}\right)}{dx} + \frac{dQ}{dx} = 0 \qquad (2-24)$$

(2)长油管内蒸汽自 B 点进入环空流向 A 点短油管,则环空内蒸汽流动能量守恒方程满足式(2−23)。

2)SAGD 生产阶段

SAGD 生产阶段水平井井筒内蒸汽流动能量守恒方程分 3 种情况讨论。

(1)长油管注汽、短油管停注。长油管内蒸汽流动能量守恒方程满足式(2−24),长油管内蒸汽自 B 点进入环空后,沿水平段进入地层,能量守恒方程满足式(2−23)。

(2)长油管停注、短油管注汽。蒸汽直接从 A 点进入环空,沿水平段进入地层,能量守恒方程满足式(2−23)。

(3)长油管与短油管同时注汽。双管同时注汽时,对于环空内任意微元段而言,短油管内蒸汽自 A 点进入环空微元段内的流速为 v_{ms},长油管内蒸汽自 B 点进入环空微元段内的流速

为 v_{ml}，二者流向相反，则微元段内蒸汽的流速 v_m 为二者之差取绝对值（Hasan 和 Kabir，2007）。同时，井筒环空任意微元段内蒸汽的质量流速 v_{sx} 满足式（2－24）。此外，由于单位长度水平段的油层质量吸汽速度 v_{is} 等于对长油管所注蒸汽的质量吸汽速度加上对短油管所注蒸汽的质量吸汽速度，则双管同时注汽时环空内蒸汽流动能量守恒方程为

$$-\left[(v_{iss}+v_{isl})h_m+\frac{(v_{iss}+v_{isl})v_r^2}{2}\right]=\frac{dW}{dx}+\frac{d\left[v_{sxt}h_m+\frac{v_{sxt}(v_{ms}-v_{ml})^2}{2}\right]}{dx}+\frac{dQ}{dx}$$

$$(2-25)$$

根据蒸汽能量损失方程和 PVT 相态方程，式（2－23）可变换为

$$\frac{dQ}{dx}+\frac{dW}{dx}+\left(\frac{v_m^2-v_r^2}{2}\right)\frac{dv_{sx}}{dx}=-\left\{\frac{dh_w}{dp}\frac{dp}{dx}v_{sx}+v_mv_{sx}\left[\frac{v_{sx}}{A\rho_m}\left(\frac{1}{T}\frac{dT}{dp}-\frac{1}{p}\right)\frac{dp}{dx}+\frac{1}{A\rho_m}\frac{dv_{sx}}{dx}\right]+\right.$$

$$\left.v_{sx}\left(\frac{dh_s}{dp}-\frac{dh_w}{dp}\right)\frac{dp}{dx}+v_{sx}(h_s-h_w)\frac{dq}{dx}\right\}$$

$$(2-26)$$

令：

$$N_1=v_{sx}(h_s-h_w) \qquad (2-27)$$

$$N_2=v_{sx}\left(\frac{dh_s}{dp}-\frac{dh_w}{dp}\right)\frac{dp}{dx} \qquad (2-28)$$

$$N_3=\frac{dQ}{dx}+\frac{dW}{dx}+\frac{v_m^2-v_r^2}{2}\frac{dv_{sx}}{dx}+\frac{dh_w}{dp}\frac{dp}{dx}v_{sx}+v_mv_{sx}\left[\frac{v_{sx}}{A\rho_m}\left(\frac{1}{T}\frac{dT}{dp}-\frac{1}{p}\right)\frac{dp}{dx}+\frac{1}{A\rho_m}\frac{dv_{sx}}{dx}\right]$$

$$(2-29)$$

代入边界条件：$q|_{x=0}=q_0$，$p|_{x=0}=p_0$，求解式（2－29）的一阶常微分线性方程，得到 SAGD 循环预热阶段长油管注汽、短油管排液和 SAGD 生产阶段短油管注汽、长油管停注，或长油管注汽、短油管停注条件下，环空内蒸汽干度的沿程分布计算公式：

$$q=\exp\left(-\frac{N_2}{N_1}x\right)\left[-\frac{N_3}{N_2}\exp\left(\frac{N_2}{N_1}x\right)+q_0+\frac{N_3}{N_2}\right] \qquad (2-30)$$

同理，求解式（2－25），可得到 SAGD 生产阶段长油管与短油管同时注汽条件下，环空内蒸汽干度的沿程分布计算公式：

$$q=\exp\left(-\frac{N_2'}{N_1'}x\right)\left[-\frac{N_3'}{N_2'}\exp\left(\frac{N_2'}{N_1'}x\right)+q_0+\frac{N_3'}{N_2'}\right] \qquad (2-31)$$

其中：

$$N_1'=v_{sxt}(h_s-h_w) \qquad (2-32)$$

$$N_2'=v_{sxt}\left(\frac{dh_s}{dp}-\frac{dh_w}{dp}\right)\frac{dp}{dx} \qquad (2-33)$$

$$N'_3 = \frac{dQ}{dx} + \frac{dW}{dx} + \frac{(v_{ms} - v_{ml})^2 - v_r^2}{2}\frac{dv_{sxt}}{dx} + \frac{dh_w}{dp}\frac{dp}{dx}v_{sxt} +$$

$$|v_{ms} - v_{ml}|v_{sxt}\left[\frac{v_{sxt}}{A\rho_m}\left(\frac{1}{T}\frac{dT}{dp} - \frac{1}{p}\right)\frac{dp}{dx} + \frac{1}{A\rho_m}\frac{dv_{sxt}}{dx}\right] \qquad (2-34)$$

4. 动量守恒方程

以普通水平井井筒内湿蒸汽压力的沿程分布计算公式为

$$\frac{dp}{dx} = -\frac{1}{A}\frac{2v_m\dfrac{dv_{is}}{dx} + \dfrac{\tau_c}{dx}}{1 + \left(\dfrac{1}{T}\dfrac{dT}{dp} - \dfrac{1}{p}\right)\dfrac{v_m v_{is}}{A}} \qquad (2-35)$$

1）SAGD 循环预热阶段

SAGD 循环预热阶段水平井井筒内蒸汽流动的动量守恒方程分两种情况讨论。

（1）SAGD 循环预热过程中，$v_{is} = 0$，则长油管中的沿程蒸汽压降表达式为

$$\frac{dp}{dx} = -\frac{\tau'_c}{A_1 dx} \qquad (2-36)$$

边界条件为：$p|_{x=0} = p_0$；τ'_c 可用流体力学中摩擦力的计算公式计算：

$$\tau'_c = f_c\rho_m\frac{\pi D dx}{8}\left(\frac{v_{mx} + v_{mx+1}}{2}\right)^2 \qquad (2-37)$$

将边界条件及摩擦力表达式代入式（2-35）求解微分方程得

$$p = p_0 - f_c\rho_m\frac{\pi D x}{8A_1}\left(\frac{v_{mx} + v_{mx+1}}{2}\right)^2 \qquad (2-38)$$

利用式（2-38），可求得 SAGD 循环预热阶段长油管内沿程蒸汽压力分布。对于长油管出口处 B 点，由于 $v_{mx} = v_{mx+1} = v_{mB}$，则 B 点压力 $p_B = p_0 - f_c\rho_m\pi DLv_{mB}^2/8A_1$。

（2）以长油管出口处 B 点为原点变换坐标，进行环空内的压力耦合计算，则有：$p|_{x=0} = p_B$，将 p_B 代入式（2-38）求解一阶常微分方程，得到环空沿程蒸汽压力 p' 分布：

$$p' = p_B - \frac{v_{ml}v_{is1}}{A_a}\left(\frac{dT}{T} - \ln\frac{p'}{p_B}\right) - f'_c\rho_m\frac{\pi D' x}{8A_a}\left(\frac{v_{mx} + v_{mx+1}}{2}\right) \qquad (2-39)$$

利用式（2-39），可求得 SAGD 循环预热阶段到任意时刻的 p'。

2）SAGD 生产阶段

SAGD 生产阶段水平井井筒内蒸汽流动动量守恒方程分 3 种情况讨论。

（1）长油管注汽、短油管停注。长油管内压力分布满足式（2-38），长油管内蒸汽自 B 点进入环空后，沿水平段进入地层，压力分布满足式（2-39）。

（2）长油管停注、短油管注汽。蒸汽直接从 A 点进入环空，沿水平段进入地层，动量守恒方程满足式（2-38），求解一阶常微分方程可得环空沿程压力分布：

$$p' = p_0 - \frac{v_{ms} v_{iss}}{A_a} \left(\frac{dT}{T} - \ln \frac{p'}{p_0} \right) - f'_c \rho_m \frac{\pi D'x}{8A_a} \left(\frac{v_{mx} + v_{mx+1}}{2} \right)^2 \qquad (2-40)$$

（3）长油管与短油管同时注汽。长油管内压力分布满足式（2—38），依据环空内任意微元段内蒸汽流速为长油管注入蒸汽与短油管注入蒸汽在该处流速之差的绝对值、环空吸汽量为长油管注入蒸汽与短油管注入蒸汽在该处的吸汽量之和的原则，得到环空内的沿程压力分布：

$$p' = p_0 - \frac{|v_{ms} - v_{ml}| (v_{iss} + v_{isl})}{A_a} \left(\frac{dT}{T} - \ln \frac{p'}{p_0} \right) - f'_c \rho_m \frac{\pi D'x}{8A_a} \left(\frac{v_{msx} + v_{msx+1} - v_{mlx} - v_{mlx+1}}{2} \right)^2$$
$$\qquad (2-41)$$

5. 未知物理量的计算

（1）湿蒸汽密度的计算。采用 Beggs – Brill 方法计算湿蒸汽的密度。首先根据气液流速和水平注入段的直径判断出湿蒸汽的流型，然后根据不同的流型计算湿蒸汽的密度。

（2）水平微元段吸汽量的计算。采用下式可算得水平微元段吸汽量 v_{is}：

$$v_{is} = \rho_m I_s (p_s - p_i) J_{1iq} \qquad (2-42)$$

（3）蒸汽和长油管内壁的摩擦系数 f_c 的计算。f_c 是蒸汽雷诺数（$Re_s = D v_m \rho_m / \mu$）和管壁相对粗糙度（$\Delta = \varepsilon / D$）的函数，当 $Re_s \leqslant e$ 函数时，$f_c = 54 / R_{es}$；当 $Re_s > 2000$ 时，$f_c = [1.14 - 2\lg(\Delta + 21.25 Re_s^{-0.9})]^{-2}$。同理，蒸汽与筛管内壁的摩擦系数 $f'_c = [1.14 - 2\lg(\Delta + 21.25 Re_s'^{-0.9})]^{-2}$，其中 $Re_s' = D' v_m \rho_m / \mu$；$\Delta' = \varepsilon / D'$。

（4）微元段与油层间的热传递计算。长油管内微元段 dx 蒸汽自长油管内壁到油层之间的热损失量计算式为

$$\frac{dQ}{dx} = \frac{T_1 - T_e}{R} \qquad (2-43)$$

环空内微元段蒸汽自环空内壁到油层之间的热损失量计算式为

$$\frac{dQ'}{dx} = \frac{T_a - T_e}{R'} \qquad (2-44)$$

利用式（2—43）和式（2—44），可分别计算循环预热阶段及不同管柱组合条件下生产阶段长油管内及环空内的蒸汽热损失量。

自长油管内壁到油层之间总热阻 R 的计算式为

$$R = \frac{1}{2\pi} \left[\frac{1}{hr_{lo}} + \frac{f(t)}{\lambda_e} + \frac{\ln(r_{so}/r_{si})}{\lambda_s} \right] \qquad (2-45)$$

自环空内壁到油层之间总热阻 R' 的计算式为

$$R' = \frac{1}{2\pi} \left[\frac{f(t)}{\lambda_e} + \frac{\ln(r_{so}/r_{si})}{\lambda_s} \right] \qquad (2-46)$$

其中：

$$f(t) = \ln \left(\frac{2\sqrt{\alpha t}}{r_{so}} \right) - 0.29 \qquad (2-47)$$

二、模型验证与应用

1. 模型验证

以新疆风城油田 SAGD 试验区某注汽井 A−1 井为例,利用双油管注汽井井筒参数计算模型,对循环预热阶段长油管注汽短油管排液过程中,注汽井长油管内及环空内的沿程压力、沿程温度分布进行了计算。计算采用管柱结构参数为:水平段长度 460m;采用 177.8mm(7in) 割缝筛管完井,筛管内径 166.8mm、外径 177.8mm,导热系数 0.993W/(m·K);双油管分别采用 73mm(2⅞in) 短油管及 88.9mm(3½in) 长油管;其中短油管内径 62mm、外径 73mm;长油管内径 77.9mm、外径 88.9mm,绝对粗糙度 0.00005m,导热系数 0.8W/(m·K);水平段环空均匀分布 7 个热电偶测温点及测压点。计算采用的其他参数为:油层温度 19℃,油层导热系数 1.73W/(m·K),油层热扩散系数 0.004m²/h;循环预热过程中,注汽速度为 100t/d;井底 A 点注汽干度为 60%、注汽压力为 2.5MPa;注汽温度为 224℃。

图 2−6 和图 2−7 分别是 A−1 井长油管内及环空中的沿程压力和温度计算结果,并给出了环空中压力和温度实测结果,可见,计算结果与实测结果吻合很好,压力误差仅为 0.2%,温度误差为 0.19%,表明计算模型可靠。

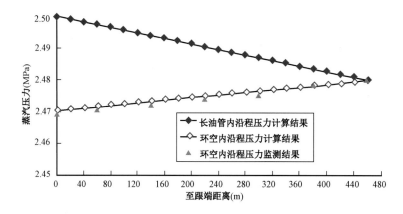

图 2−6　A−1 井水平段沿程压力计算与监测结果对比

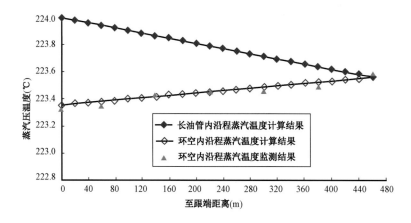

图 2−7　A−1 井水平段沿程温度计算与监测结果对比

2. 应用实例

利用所述模型,依据风城油田 SAGD 试验区 A – 1 井油藏参数及管柱结构参数,对 SAGD 循环预热阶段最低注汽速度及最长水平段长度进行了优化计算,并对 SAGD 生产阶段的管柱结构进行了优化设计。

1)SAGD 循环预热阶段最低注汽速度计算

循环预热过程中,为保证水平段均匀预热,要求长油管注入的蒸汽沿环空返回到 A 点的短油管时,蒸汽具有一定的干度。如果返回蒸汽到 A 点的干度为 0,即为热水,则会在 A 点发生积液,造成 A 点过度加热,形成注采井间 A 点优先热连通,在转为 SAGD 生产阶段时则会造成 A 点汽窜。因此循环预热阶段最低注汽速度是保证返回 A 点蒸汽干度高于 0。在 A – 1 井注汽井管柱结构条件下,假设进入长油管水平段 A 点的蒸汽干度为 60%,分别计算了在长油管注汽速度 v_{s1} 分别为 0.46kg/s(40t/d)、0.69kg/s(60t/d)、0.93kg/s(80t/d)、1.16kg/s (100t/d)条件下长油管内及环空的沿程蒸汽干度(图 2 – 8),结果表明,当注汽速度为 60t/d 时,返回到环空 A 点的蒸汽干度为 0.2%;当把注汽速度进一步降低至 40t/d 后,返回到环空 A 点的则为热水,蒸汽干度为 0,由此得到循环预热阶段最低注汽速度为 60t/d。

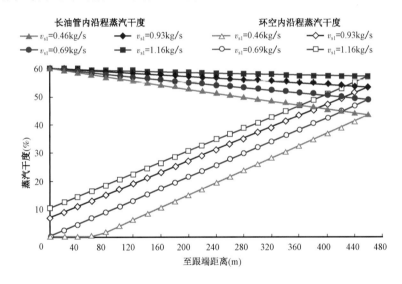

图 2 – 8 不同注汽速度对应的长油管与环空干度沿程分布

2)SAGD 水平段长度计算

根据国外成功的作业经验,为确保 SAGD 生产阶段水平段均匀吸汽,SAGD 生产阶段环空沿程各点最高压力与最低压力差 Δp 不应超过 0.05MPa。因此在 177.8mm(7in)割缝筛管完井、注汽速度 300t/d、井底 A 点注汽压力 2.5MPa 条件下,计算了无长油管、下入 73mm(2⅞in)长油管、下入 88.9mm(3½in)长油管 3 种情况下注汽井不同水平段长度的环空压差(图 2 – 9)。计算结果表明,注汽井水平段无长油管时,满足压差要求的水平段最长可以达到 1500m;当水平段下入 73mm(2⅞in)长油管后,最大水平段长度缩短到 751m;当水平段下入 88.9mm(3½in)长油管后,最大水平段长度进一步缩短到 564m。因此,认为在现有管柱结构及水平段长度 460m 情况下,注汽速度 300t/d 可以满足水平段压差小于 0.05MPa 的技术要求。

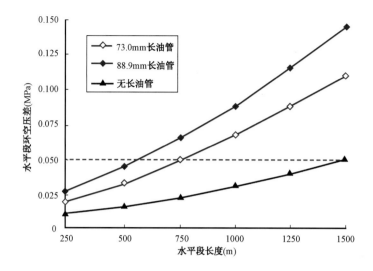

图2-9 注汽井水平段在有无长油管下水平段长度与水平段压差关系对比

3. SAGD 生产阶段管柱结构优化

SAGD 试验区目前普遍采用短油管下入水平段 A 点,长油管下入水平段 B 点的管柱结构 [图 2-10(a)],生产动态表明在 A、B 两点蒸汽腔发育较好,个别井 A、B 两点附近水平段甚至 出现段通及点窜现象,而中部汽腔发育较差。为改善水平段汽腔发育情况,提高水平段油层整 体动用程度,利用上述计算模型计算了两种管柱结构下,即短油管下入水平段 A 点,长油管下 入水平段 B 点[图 2-10(a)]和短油管下入水平段 A 点后 150m,长油管下入水平段 B 点 [图 2-11(a)]注汽井水平段沿程蒸汽流速的变化[图 2-10(b)、图 2-11(b)]。

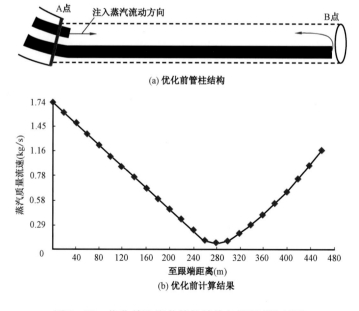

图2-10 优化前注汽井管柱结构与沿程蒸汽流速

根据现场试验资料,长油管注汽速度为100t/d,短油管注汽速度为150t/d,长短油管配汽比例为2∶3。模拟计算结果表明,采用短油管下入A点、长油管下入B点管柱结构,由于水平段油层吸汽,注入蒸汽流速自A、B两点向水平段中部逐渐减小,整个水平段沿程蒸汽质量流速呈两段式分布[图2-10(b)];而采用短油管下入A点后150m、长油管下入B点管柱结构(优化后管柱结构),在水平段压差作用下,短油管注入的蒸汽一部分流向A点方向水平段,一部分流向水平段中部,短油管注入的蒸汽被有效分流成两部分,整个水平段沿程蒸汽质量流速呈三段式分布[图2-11(b)]。因此认为,采用优化后管柱结构对短油管蒸汽进行分流,可有效减缓短油管出口附近蒸汽的流速,水平段蒸汽分配更为均匀,同时可有效降低A点段通及点窜风险。目前,该优化管柱结构已被推荐为SAGD工业化开发区的注汽井管柱结构。

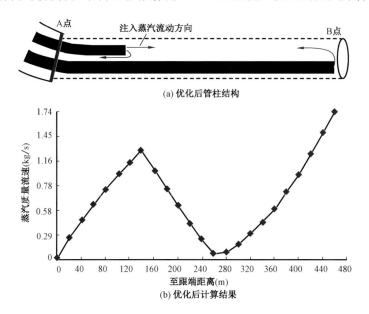

图2-11 优化后注汽井管柱结构与沿程蒸汽流速

该节依据普通水平井注蒸汽井筒内参数预测模型,结合双油管质量流速耦合计算,推导出SAGD循环预热及生产过程中,不同管柱结构组合条件下注汽井筒内蒸汽流动的质量守恒、能量守恒及动量守恒方程,建立了双油管注汽井井筒沿程参数计算模型。利用该模型对某SAGD注汽井循环预热过程中井筒内沿程温度、压力等参数进行了计算,结果与现场监测结果吻合,证明了模型的准确性,为指导现场降低水平段A点段通及点窜风险奠定了理论基础。

第三节　双水平井SAGD循环预热阶段井间传热理论

一、双水平井SAGD等压循环预热阶段井间升温理论与计算方法

判断SAGD循环预热过程中注采井间储层温度有数值模拟法和解析解法两种方法。通常,SAGD注蒸汽循环预热过程中,注汽井与生产井一般下入平行双油管(长油管下入脚趾部位,短油管下入脚跟部位),循环预热过程中,长油管注汽,短油管排液(李颖川和杜志敏,

1993;杨德伟和马冬岚,1999;倪学峰等,2005)。CMG 公司开发了 FLEX WELLBORE 模块,专门用于处理 SAGD 复杂管柱结构,但在数值模拟过程中,复杂管流条件下的 SAGD 双油管数值模型复杂,模拟计算速度较慢,计算过程中迭代次数多,难以快速得到计算结果。相比数值模拟而言,解析解具有方便快捷等优势,前人也曾经对 SAGD 循环预热过程中注采井水平段之间储层的升温情况建立过解析公式,但由于其只考虑储层岩石基质的热物性特征,在 SAGD 前期开发过程中,其预测精度较差。在实际储层条件下,储层岩石内部还饱和了油水,因此对于复杂的油水岩石介质,目前尚未建立考虑多介质、多相流体、孔隙度与含油饱和度等共同影响的综合传热解析新模型(程赟等,2010;王一平等,2010;姜艳艳,2011;李晓平等,2011;师耀利等,2012;东晓虎等,2014)。为此,充分考虑实际储层多孔介质中岩石、原油、地层水传热与热扩散性能的不同特征,建立了考虑油水岩石的多介质多相流体综合传热解析新模型。

1. 多介质多相流体综合传热解析新模型求解

1) 单一热源传热模型

在任意二维平面上的任意一点,被该平面上单一热源加热时(热源温度为 T_s,原始温度为 T_i,热流入速度为 q),可以用下式表示该点被热源加热过程中温度 T 随时间 t 的变化:

$$T = T_i - \frac{q}{4\pi\lambda}E_i\left(-\frac{r^2}{4\eta\alpha t}\right) \tag{2-48}$$

式中　T——温度,℃;

　　　T_i——原始温度,℃;

　　　q——单位长度热流入速度,W/m;

　　　E_i——幂积分函数;

　　　λ——导热系数,W/(m·℃);

　　　r——半径,m;

　　　η——常数,8.64×10^4;

　　　t——时间,s。

2) 双热源复合传热模型

在双水平井循环预热过程中,在垂直于注汽井与生产井的水平段的二维平面上,注汽井与生产井水平段井筒刚好代表了该二维平面上的两个热源。其中,注汽井井筒半径为 r_{w1},注汽循环预热的温度为 T_{s1},热流过该点的速度为 q_1;生产井井筒半径为 r_{w2},注汽循环预热的温度为 T_{s2},热流过该点的速度为 q_2;根据热源叠加理论,该二维平面上任意点 x 升高的温度应等于该两个热源传热升温之和(图2-12),即

$$\Delta T_x = \Delta T_{x1} + \Delta T_{x2} = T_{x1} - T_i + T_{x2} - T_i \tag{2-49}$$

对于注汽井井筒热源,对任一点 x 的升温贡献值为

$$\Delta T_{x1} = T_{x1} - T_i = -\left(\frac{q_1}{4\pi\lambda_1}\right)E_i\left(-\frac{r_1^2}{4\eta\alpha_1 t_1}\right) \tag{2-50}$$

对于生产井井筒热源,对任一点 x 的升温贡献值为

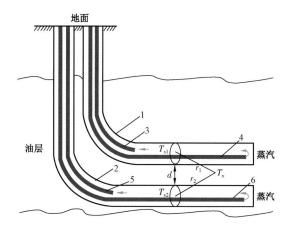

图2-12 双水平井水平段切片二维平面注汽井与生产井井筒位置示意图

1—注汽井;2—生产井;3—注汽井短油管;

4—注汽井长油管;5—生产井短油管;6—生产井长油管

$$\Delta T_{x2} = T_{x2} - T_i = -\left(\frac{q_2}{4\pi\lambda_2}\right)E_i\left(-\frac{r_2^2}{4\eta\alpha_2 t_2}\right) \tag{2-51}$$

将式(2-50)、式(2-51)代入式(2-49)可得该二维平面上任意点x升高的温度:

$$\Delta T_x = -\left(\frac{q_1}{4\pi\lambda_1}\right)E_i\left(-\frac{r_1^2}{4\eta\alpha_1 t_1}\right) - \left(\frac{q_2}{4\pi\lambda_2}\right)E_i\left(-\frac{r_2^2}{4\eta\alpha_2 t_2}\right) \tag{2-52}$$

(1)边界条件1:对于该二维平面注汽井井筒外侧壁,$r_1 = r_{w1}$,$r_2 = d$,因此,该点升温值表示为

$$\Delta T_{s1} = -\left(\frac{q_1}{4\pi\lambda_1}\right)E_i\left(-\frac{r_{w1}^2}{4\eta\alpha_1 t_1}\right) - \left(\frac{q_2}{4\pi\lambda_2}\right)E_i\left(-\frac{d^2}{4\eta\alpha_2 t_2}\right) \tag{2-53}$$

(2)边界条件2:对于该二维平面生产井井筒外侧壁,$r_2 = r_{w2}$,$r_1 = d$,因此,该点升温值表示为

$$\Delta T_{s2} = -\left(\frac{q_1}{4\pi\lambda_1}\right)E_i\left(-\frac{d^2}{4\eta\alpha_1 t_1}\right) - \left(\frac{q_2}{4\pi\lambda_2}\right)E_i\left(-\frac{r_{w2}^2}{4\eta\alpha_2 t_2}\right) \tag{2-54}$$

式(2-53)、式(2-54)联合求解,得到q_1与q_2的表达式,并代入式(2-51),得

$$\Delta T_x = \frac{E_i\left(-\frac{r_1^2}{4\eta\alpha_1 t_1}\right)\left[\Delta T_{s2}E_i\left(-\frac{d^2}{4\eta\alpha_1 t_1}\right) - \Delta T_s E_i\left(-\frac{r_{w2}^2}{4\eta\alpha_2 t_2}\right)\right] + E_i\left(-\frac{r_2^2}{4\eta\alpha_2 t_2}\right)\left[\Delta T_{s1}E_i\left(-\frac{d^2}{4\eta\alpha_2 t_2}\right) - \Delta T_{s2}E_i\left(-\frac{r_{w2}^2}{4\eta\alpha_1 t_1}\right)\right]}{E_i\left(-\frac{d^2}{4\eta\alpha_1 t_1}\right) \times E_i\left(-\frac{d^2}{4\eta\alpha_2 t_2}\right) - E_i\left(-\frac{r_{w1}^2}{4\eta\alpha_1 t_1}\right) \times E_i\left(-\frac{r_{w2}^2}{4\eta\alpha_2 t_2}\right)}$$

$$\tag{2-55}$$

双水平井SAGD注蒸汽循环预热过程中,对于注采井水平段中间位置,$r_1 = r_2 = d/2$,则式(2-55)表示为

$$\Delta T_x = \frac{E_{\mathrm{i}}\left(-\dfrac{d^2}{16\eta\alpha_1 t_1}\right)\left[\Delta T_{s2}E_{\mathrm{i}}\left(-\dfrac{d^2}{4\eta\alpha_1 t_1}\right) - \Delta T_{s1}E_{\mathrm{i}}\left(-\dfrac{r_{w2}^2}{4\eta\alpha_2 t_2}\right)\right] + E_{\mathrm{i}}\left(-\dfrac{d^2}{16\eta\alpha_2 t_2}\right)\left[\Delta T_{s1}E_{\mathrm{i}}\left(-\dfrac{d^2}{4\eta\alpha_2 t_2}\right) - \Delta T_{s2}E_{\mathrm{i}}\left(-\dfrac{r_{w1}^2}{4\eta\alpha_1 t_1}\right)\right]}{E_{\mathrm{i}}\left(-\dfrac{d^2}{4\eta\alpha_1 t_1}\right)\times E_{\mathrm{i}}\left(-\dfrac{d^2}{4\eta\alpha_2 t_2}\right) - E_{\mathrm{i}}\left(-\dfrac{r_{w1}^2}{4\eta\alpha_1 t_1}\right)\times E_{\mathrm{i}}\left(-\dfrac{r_{w2}^2}{4\eta\alpha_2 t_2}\right)}$$

$$(2-56)$$

当注采井水平段之间距离恒定为 d，注采井井筒尺寸相等（$r_{w1}=r_{w2}=r_w$），油层为均质油层（$\alpha_1=\alpha_2=\alpha$），则式（2-56）可简化为

$$\Delta T_x = \frac{(\Delta T_{s1}+\Delta T_{s2})\times E_{\mathrm{i}}\left(-\dfrac{d^2}{16\eta\alpha t}\right)}{E_{\mathrm{i}}\left(-\dfrac{d^2}{4\eta\alpha t}\right) + E_{\mathrm{i}}\left(-\dfrac{r_w^2}{4\eta\alpha t}\right)} \qquad (2-57)$$

式中 ΔT——温度变化，℃；

r_{w1}——注汽井井筒半径，m；

T_{s1}——注汽循环预热的温度，℃；

q_1——热流过 1 点的速度，W/m；

r_{w2}——生产井井筒半径，m；

T_{s2}——注汽循环预热的温度，℃；

q_2——热流过 2 点的速度，W/m；

d——注采井间距离，m。

但在实际油层多孔介质中，既存在岩石基质，又存在孔隙空间的原油与地层水，因此，热量在油层中的扩散，需要综合考虑岩石基质、原油与地层水的综合热扩散能力。由于岩石基质与原油、地层水之间的热扩散性能差别较大，因此只考虑油层岩石的热扩散，对计算结果影响较大（顾浩等，2014）。同时，油层中不同位置含油饱和度、孔隙度等均不同，不同含油饱和度条件下的油水分布对综合热扩散能力影响较大；不同孔隙度条件下的基质含量与流体含量也不同。

基于上述情况，需要综合考虑油层传热介质、油层含油饱和度与孔隙度等物性对热扩散能力的综合影响，才能正确表征 SAGD 循环预热过程中，热量在油层中的真实传递情况。为此，引入油层综合热扩散系数，等于导热系数除以密度与比热容的乘积，见下式：

$$\alpha_{\mathrm{mix}} = \frac{\lambda_{\mathrm{mix}}}{\rho_{\mathrm{mix}}\cdot c_{\mathrm{mix}}} \qquad (2-58)$$

其中，实际油层条件下的综合导热系数 λ_{mix} 用式（2-59）表示：

$$\lambda_{\mathrm{mix}} = \phi_{\mathrm{f}}\cdot(\lambda_{\mathrm{w}}\cdot S_{\mathrm{w}}+\lambda_{\mathrm{o}}\cdot S_{\mathrm{o}}) + (1-\phi_{\mathrm{f}})\cdot\lambda_{\mathrm{f}} \qquad (2-59)$$

油层综合密度可表示为

$$\rho_{\mathrm{mix}} = \phi_{\mathrm{f}}\cdot(\rho_{\mathrm{w}}\cdot S_{\mathrm{w}}+\rho_{\mathrm{o}}\cdot S_{\mathrm{o}}) + (1-\phi_{\mathrm{f}})\cdot\rho_{\mathrm{f}} \qquad (2-60)$$

油、水、基质共存条件下的油层综合比热容可表示为

$$C_{mix} = f_{gr} \cdot C_f + f_o \cdot C_o + f_w \cdot C_w \qquad (2-61)$$

将式(2-59)、式(2-60)、式(2-61)代入式(2-58)可得实际油层条件下的综合热扩散系数为

$$\alpha_{mix} = \frac{\phi_f \cdot (\lambda_w \cdot S_w + \lambda_o \cdot S_o) + (1 - \phi_f) \cdot \lambda_f}{[\phi_f \cdot (\rho_w \cdot S_w + \rho_o \cdot S_o) + (1 - \phi_f) \cdot \rho_f] \cdot (f_{gr} \cdot C_f + f_o \cdot C_o + f_w \cdot C_w)}$$

$$(2-62)$$

式中　α_{mix}——混合物的热扩散系数，m^2/s；

　　　λ_{mix}——混合物的导热系数，$W/(m \cdot ℃)$；

　　　ρ_{mix}——混合物的密度，$kg/(m^3)$；

　　　c_{mix}——混合物的比热容，$kJ/(kg)$；

　　　ϕ_f——油藏孔隙度；

　　　S_w——水的饱和度；

　　　S_o——油的饱和度；

　　　ρ_o——油的密度，kg/m^3；

　　　ρ_w——水的密度，kg/m^3；

　　　ρ_f——油藏岩石的密度，kg/m^3；

　　　f_{gr}——油藏岩石的质量分数，%；

　　　f_o——油的质量分数，%；

　　　f_w——水的质量分数，%。

将式(2-62)代入式(2-57)，即能得到反映油层实际孔隙度、含油饱和度等条件下，双水平井 SAGD 循环预热过程中注采井水平段中间油层的传热升温解析模型。

$$\frac{1}{\Delta T_x} = \frac{E_i \left\{ -\dfrac{d^2 [\phi_f \cdot (\rho_w \cdot S_w + \rho_o \cdot S_o) + (1-\phi_f) \cdot \rho_f] \cdot (f_{gr} \cdot C_f + f_o \cdot C_o + f_w \cdot C_w)}{4\eta\phi_f (\lambda_w \cdot S_w + \lambda_o \cdot S_o) + (1-\phi_f) \cdot \lambda_f t} \right\}}{(\Delta T_{s1} + \Delta T_{s2}) \times E_i \left\{ -\dfrac{d^2 [\phi_f \cdot (\rho_w \cdot S_w + \rho_o \cdot S_o) + (1-\phi_f) \cdot \rho_f] \cdot (f_{gr} \cdot C_f + f_o \cdot C_o + f_w \cdot C_w)}{16\eta [\phi_f \cdot (\lambda_w \cdot S_w + \lambda_o \cdot S_o) + (1-\phi_f) \cdot \lambda_f] t} \right\}} +$$

$$\frac{E_i \left\{ -\dfrac{r_w^2 [\phi_f \cdot (\rho_w \cdot S_w + \rho_o \cdot S_o) + (1-\phi_f) \cdot \rho_f] \cdot (f_{gr} \cdot C_f + f_o \cdot C_o + f_w \cdot C_w)}{4\eta\phi_f (\lambda_w \cdot S_w + \lambda_o \cdot S_o) + (1-\phi_f) \cdot \lambda_f t} \right\}}{(\Delta T_{s1} + \Delta T_{s2}) \times E_i \left\{ -\dfrac{d^2 [\phi_f \cdot (\rho_w \cdot S_w + \rho_o \cdot S_o) + (1-\phi_f) \cdot \rho_f] \cdot (f_{gr} \cdot C_f + f_o \cdot C_o + f_w \cdot C_w)}{16\eta [\phi_f \cdot (\lambda_w \cdot S_w + \lambda_o \cdot S_o) + (1-\phi_f) \cdot \lambda_f] t} \right\}}$$

$$(2-63)$$

在循环预热过程中，通过水平段内均匀分布的温度传感器，可分别得到注汽井水平段不同位置不同时刻的 T_{s1} 与生产井水平段不同位置不同时刻的 T_{s2}；不同位置含油饱和度 S_o、岩石基质密度 ρ_f、岩石孔隙度 ϕ_f 等，可以通过水平段测井解释得到；不同位置岩石的导热系数 λ_f 及比热容 C_f 等可以通过录井与取心化验分析得到。

2. 循环预热模型准确性验证

以新疆风城双水平井 SAGD 试验区的一典型井组为例，对上述解析模型进行验证。该井组注汽井与生产井水平段均下入均匀分布的 7 个温度传感器；温度传感器所在位置的油层岩

性均为砂岩,通过水平段测井曲线解释温度传感器所在位置油层的孔隙度与含油饱和度;注汽井与生产井水平段筛管尺寸均为 $9\frac{5}{8}$in(244.47mm)。

通过对温度传感器所在位置油层的录井与取心化验分析,得到各位置油层岩石基质热物性参数。通过对试采油样与地层水进行 PVT 等测试分析,得到油层流体的 PVT 与热物性参数,并利用上述公式,计算得到实际油层条件下的综合热扩散系数等参数(表2-4、表2-5)。

表2-4　原油与地层水热物性参数表

流体介质	密度 (g/cm³)	导热系数 [W/(m·K)]	热扩散系数 (10⁻⁶m²/s)	比热容 [10³kJ/(m³·K)]
原油	0.92	1.15	0.58	2.15
地层水	1.0	0.58	0.14	4.2

表2-5　油层热物性参数以及综合热扩散系数计算结果

温度点	1	2	3	4	5	6	7
孔隙度	0.31	0.29	0.30	0.30	0.29	0.31	0.29
S_o	0.78	0.73	0.75	0.76	0.74	0.77	0.72
S_w	0.22	0.27	0.25	0.24	0.26	0.23	0.28
注采井间距离(m)	4.80	5.00	5.20	5.10	5.00	4.90	5.00
岩石基质热扩散系数(10⁻⁶m²/s)	0.68	0.71	0.66	0.82	0.67	0.63	0.80
岩石基质导热系数[W/(m·K)]	2.84	2.77	2.56	2.61	2.17	2.48	2.92
岩石基质比热容[10³kJ/(m³·K)]	1.90	1.91	1.85	1.49	1.54	1.80	1.79
岩石基质密度(g/cm³)	2.20	2.10	2.10	2.10	2.10	2.20	2.00
综合导热系数[W/(m·K)]	2.28	2.25	2.10	2.13	1.82	2.03	2.37
综合比热容[10³kJ/(m³·K)]	2.02	2.04	1.98	1.68	1.73	1.94	1.95
综合热扩散系数(10⁻⁶m²/s)	0.62	0.64	0.60	0.71	0.60	0.58	0.71

计算前提:在SAGD循环预热过程中,注入蒸汽温度为250℃,注汽井与生产井的单井注汽速度均为100t/d,井下监测数据表明,注汽循环7天,注汽井与生产井水平段远端均见汽,即水平段井筒内温度均达到250℃。因此,以水平段井筒内温度均达到250℃为基础,对不同时刻注采井水平段井筒中间油层位置的温度进行测算。

1)新旧模型计算结果对比

式(2-63)为双水平井SAGD双热源复合传热的新模型,与式(2-57)所示的旧模型的计算结果进行对比。利用上述参数,测算了水平段远端见汽以后,在不同时刻,注采井水平段井间位置油层的温度变化(原始油藏温度15℃),并对原始模型测算得到的温度变化值进行了对比。

对比结果表明,考虑油层孔隙度、含油饱和度、油水等多介质热物性特征参数的新模型计算得到的注采井水平段中间位置升温值,普遍低于仅考虑油层岩石热物性参数的原始模型计算结果。其中,测温点1井对中间升高温度 ΔT_1 的平均计算误差为0.4℃,测温点3井对中间升高温度 ΔT_3 的平均计算误差为14.93℃,测温点5井对中间升高温度 ΔT_5 的平均计算误差为

10.57℃(表2-6)。

表2-6　原模型与新模型计算结果对比

时间 (d)	测温点1井对 中间升高温度 ΔT_1 (℃)			测温点3井对 中间升高温度 ΔT_3 (℃)			测温点5井对 中间升高温度 ΔT_5 (℃)		
	新模型	原模型	误差	新模型	原模型	误差	新模型	原模型	误差
90	60.53	60.92	0.39	39.45	52.35	12.90	47.83	57.55	9.72
100	72.89	73.30	0.41	50.00	64.16	14.16	59.26	69.73	10.47
110	84.51	84.94	0.43	60.47	75.49	15.01	70.35	81.27	10.93
120	95.29	95.72	0.43	70.63	86.15	15.52	80.88	92.02	11.14
130	105.20	105.62	0.42	80.32	96.07	15.75	90.77	101.95	11.18
140	114.24	114.66	0.42	89.46	105.24	15.78	99.96	111.04	11.09
150	122.48	122.89	0.41	98.02	113.66	15.64	108.46	119.36	10.90
160	129.98	130.37	0.39	105.99	121.39	15.40	116.29	126.95	10.65
170	136.80	137.18	0.38	113.39	128.47	15.08	123.50	133.87	10.37
180	143.02	143.39	0.37	120.25	134.96	14.71	130.12	140.18	10.06
190	148.68	149.04	0.36	126.60	140.90	14.30	136.22	145.95	9.73
平均			0.40			14.93			10.57

2)新模型与数值模拟拟合结果对比

为验证新模型计算结果准确性,采用 CMG - STARS 软件的 FLEX WELLBORE 模块,以上述实际油藏岩石、流体及管柱结构为基础,建立起双水平井 SAGD 循环预热数值模型。并以实际循环预热注汽与排液参数作为注采控制参数,对循环预热不同时刻的注采动态进行了历史拟合。在拟合完成后,对注采井水平段中间部位的温度场进行了提取,并与新模型在测温点所在位置的计算结果进行了对比。对比结果表明(图2-13),新模型解析解与数值模拟计算结果高度吻合,平均误差不超过2℃,表明该解析模型准确性较高。

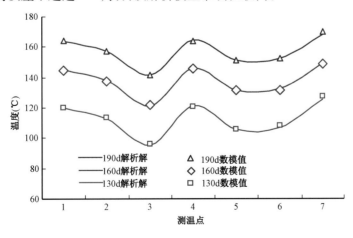

图2-13　传热模型解析解与数值模拟结果对比

3. 循环预热计算实例

当油田大量应用SAGD方式开发时,可能有成批的新钻完井需要转入循环预热,而由于复杂管柱结构下的SAGD井对模拟计算速度较慢,对所有新完钻的SAGD井对开展数值模拟不现实。因此,利用解析模型,对单个井对SAGD循环预热进行快速跟踪更为实用。

1) SAGD生产阶段注汽方式优化

以典型SAGD井对FHW1井对为例,FHW1井对脚趾位置注采井水平段间距离较短,仅为3.6m,其余位置平均距离5m。从计算结果可见,在SAGD井对脚趾位置出现了优先热连通,循环预热90天该处温度即达到了150℃以上(图2-14)。由此表明,该井对转SAGD生产以后,将会优先在水平段脚趾处发育蒸汽腔,造成水平段动用不均。为此,推荐转入SAGD生产阶段注汽井采用短油管注汽,避免水平段脚趾汽窜。

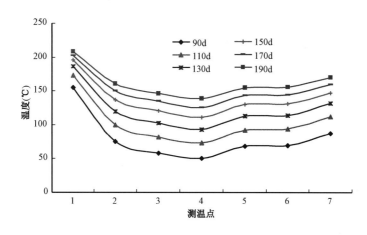

图2-14　FHW1井对不同时刻7个测温点温度变化

2) 循环预热转SAGD时机速判

以典型SAGD井对L2井对为例,L2井对脚趾位置注采井水平段间距离较为均匀,平均距离5m,水平段穿过的油层均质性好,孔隙度30%,含油饱和度78%,油层岩性均为砂岩,且热扩散系数较高,平均综合热扩散系数达到0.89×10⁻⁶m²/s。利用解析模型,对循环预热不同时刻注采井水平段中间位置的油层升温情况进行了计算。计算结果表明,循环预热130天注采井水平段中间位置的油层即可升温到130℃以上,即该井对应原油黏度下降到100mPa·s以下,表明循环预热130天即可转入SAGD生产(图2-15)。

二、双水平井SAGD增压循环预热阶段井间升温理论与计算方法

针对增压循环预热阶段及SAGD生产阶段的传热模式及热交换机理,前人进行了大量研究并得到了不同结论。在SAGD增压循环预热阶段及SAGD生产阶段,对生产井产量影响至关重要的一个控制因素就是油层内部从蒸汽区域向冷油区域的热量传递,其中,增压循环预热阶段,热量传递主要发生在注采井水平段之间油层,而由于蒸汽冷凝水大量从生产井采出,因此由于超覆作用发生在注汽井水平段上部的油层热传递较小,可忽略不计;而在SAGD生产阶段,热量传递主要发生在注采井水平段之间及注汽井水平段上部油层,其中,在注汽井水平段上部油层发生的热传递是蒸汽腔扩展的主要热源,而发生在注采井水平段之间的热传递较小,

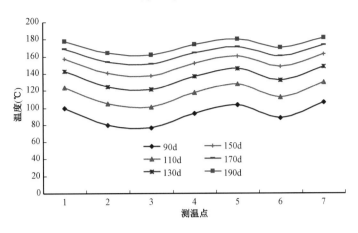

图 2－15　L2 井对不同时刻 7 个测温点温度变化

也可以忽略不计。在 SAGD 增压循环预热阶段,由于注汽井注入的蒸汽进入油层并从生产井排出,因此在国外统称为 SAGD 启动阶段,或称为 SAGD 蒸汽腔扩展初期。在此阶段,注采井间油层由于蒸汽冷凝水与加热的原油一起向下流动,部分蒸汽则由于重力分异作用向注汽井筒上部油层流动,因此,蒸汽(蒸汽冷凝水)与油层及原油之间的对流传热速度加快,在此期间的传热模式为热传导与热对流为主。

通常在计算泄油腔界面的热传导过程中,不考虑重力泄油被采出部分的原油热损失。但实际上在原油被采出过程中,热油带走了大量的热量。但截至目前,尚未有公开文献报道对热油带走热量的计算。在泄油腔界面的热对流过程中,存在两种非常重要的热对流现象,一种是蒸汽冷凝水向泄油腔界面的热对流,一种是冷凝水流入后再与流出热油之间的热对流。Butler 公式中由于只考虑了热传导引起的热量传递,因此计算得到的蒸汽腔温度比考虑热传导与热对流两者引起的热量流出的蒸汽腔温度高。截至目前,仍然没有人对以上两者进行深入研究并获得清晰的认识。因此,在研究过程中建立了既考虑热传导又考虑热对流的热交换解析公式,来揭示在热连通判断过程及 SAGD 生产阶段的热交换机理。

1. 考虑热对流的 SAGD 井间传热理论

图 2－16 为系统考虑泄油腔界面上热传导与热对流的 SAGD 传热及热交换机理示意图。

图 2－16　泄油腔界面上热传导与热对流的 SAGD 传热及热交换机理示意图(据 Butler,1991)

泄油界面以外油层的热传导与热对流可以用式(2-64)综合表示:

$$\lambda \nabla^2 T - \rho_c c_{pc} (\overrightarrow{v} \cdot \nabla T) - Q = \rho_r c_{pr} T \tag{2-64}$$

将式(2-64)展开,得到式(2-65):

$$\lambda \left(\frac{\partial^2 T}{\partial x^2} + \frac{\partial^2 T}{\partial y^2} + \frac{\partial^2 T}{\partial z^2} \right) - \rho_c c_{pc} \left(v_c \frac{\partial T}{\partial x} + v_c^y \frac{\partial T}{\partial y} + v_c^z \frac{\partial T}{\partial z} \right) - Q = \rho_r c_{pr} \left(\frac{\partial T}{\partial t} \right) \tag{2-65}$$

式中　v_c、v_c^y、v_c^z——分别代表达西定律中在 X、Y、Z 3 个方向的流体流速,其中,X 表示垂直于或正对着蒸汽腔泄油界面的方向,Y 表示平行于蒸汽腔泄油界面并向上的方向,Z 表示水平井水平段的轴向;

　　　　ρ_c——蒸汽冷凝水密度,kg/m^3;

　　　　c_{pc}——蒸汽冷凝水比热容,$J/(g \cdot ℃)$;

　　　　ρ_r——油层密度或泄油腔外部原油密度,kg/m^3;

　　　　c_{pr}——油层比热容,$J/(g \cdot ℃)$;

　　　　λ——油层热传导率,$W/(m \cdot ℃)$;

　　　　Q——对流传热净流出热量(流入与流出之差),J。

通常,认为水平段轴向的泄油腔发育均匀或者差异很小,不存在泄油腔不均匀造成的温度梯度;由于蒸汽腔泄油界面上的温度均为蒸汽的饱和温度,因此,认为平行于蒸汽腔泄油界面上的温度梯度可忽略不计,因此,式(2-64)与式(2-65)可简化为只在垂直于或正对着蒸汽腔泄油界面的方向存在热传导与热对流。即

$$\lambda \left(\frac{\partial^2 T}{\partial x^2} \right) - v_c \rho_c c_{pc} \left(\frac{\partial T}{\partial x} \right) - Q = \rho_r c_{pr} \left(\frac{\partial T}{\partial t} \right) \tag{2-66}$$

式中　v_c——垂直于或正对着蒸汽腔泄油界面的方向的冷凝水的对流速率,m/s;

　　　　x——泄油腔外围与泄油界面之间的距离,m;

　　　　Q——热对流的净流出热量,包括原油采出带出的热量及冷凝水流入泄油腔外油层带进的热量以及冷凝水采出带出的热量之差,J。

因此,当冷凝水进入泄油腔外围油层的速率小到可以忽略不计时,泄油界面的热量传递用式(2-67)表示:

$$\lambda \left(\frac{\partial^2 T}{\partial x^2} \right) - Q = \rho_r c_{pr} \left(\frac{\partial T}{\partial t} \right) \tag{2-67}$$

Butler(1991)对式(2-64)的没有热对流部分的方程进行了求解,并以 U_x 表示泄油界面向外围扩展的速率,以 x 表示泄油腔外围某点距离泄油界面的距离,通过引入另一个变量 ξ,可以将泄油界面在不同时刻的位置表示为

$$\xi = x - \int_0^t U_x dt = x - U_x t \tag{2-68}$$

利用式(2-68)对式(2-67)求解:

$$\frac{\partial T}{\partial x} = \frac{\partial T}{\partial \xi} \qquad (2-69)$$

$$\frac{\partial^2 T}{\partial x^2} = \frac{\partial^2 T}{\partial \xi^2} \qquad (2-70)$$

$$\left(\frac{\partial T}{\partial t}\right)_x = \left(\frac{\partial T}{\partial t}\right)_\xi \frac{\partial T}{\partial t} + \left(\frac{\partial T}{\partial \xi}\right)_t \frac{\partial \xi}{\partial t} = \left(\frac{\partial T}{\partial t}\right)_\xi - U_x \left(\frac{\partial T}{\partial \xi}\right)_t \qquad (2-71)$$

将式(2-69)、式(2-70)、式(2-71)代入式(2-67),得到

$$\lambda \left(\frac{\partial^2 T}{\partial \xi^2}\right) - Q = \rho_r c_{pr} \left[\frac{\partial T}{\partial t} - U_x \left(\frac{\partial T}{\partial \xi}\right)\right] \qquad (2-72)$$

即:

$$\lambda \left(\frac{\partial^2 T}{\partial \xi^2}\right) + U_x \rho_r c_{pr} \left(\frac{\partial T}{\partial \xi}\right) - Q = \rho_r c_{pr} \left(\frac{\partial T}{\partial t}\right) \qquad (2-73)$$

根据 Butler(1985,1991)的研究,泄油腔外部的热量与温度传递,比泄油腔扩展速度要快,因此在不同时刻,泄油腔外部同一距离的温度相等,因此 $\frac{\partial T}{\partial t} = 0$,将式(2-73)变为

$$\lambda \left(\frac{\partial^2 T}{\partial \xi^2}\right) + U_x \rho_r c_{pr} \left(\frac{\partial T}{\partial \xi}\right) - Q = 0 \qquad (2-74)$$

由式(2-74)可见,该式仅有热对流净热量流量 Q 为未知数。

2. 考虑蒸汽进入油层的井间传热计算方法

首先进行以下假设:

(1)压力对原油黏度无影响,原油黏度仅受到温度影响。

(2)泄油界面与水平面角度为 θ,在泄油界面上该角度恒定。泄油界面以 U_x 向外恒速扩展,扩展方向垂直于泄油界面。

(3)泄油速度仅受到重力作用影响。

(4)与采出原油带走的热流量相比,冷凝水在泄油界面上向泄油腔外围油层传递的热流量忽略不计。

基于以上假设,可动油采出过程中带走的热量用式(2-75)表示:

$$Q = \frac{m_y c_{pr}(T - T_r)}{d\xi} \qquad (2-75)$$

式中　Q——热对流净热流量,kg

　　　m_y——可动油的净质量流速,kg/s;

　　　T——温度,℃;

　　　T_r——原始油藏温度,℃。

由于沿着泄油方向的温度基本恒定,温度梯度很小,因此可动油的净质量流速与图2-16所示的可动油流量相同,即可动油流动单位的流动方向为平行于泄油界面向下,因此质量流速

可用式(2-76)表示

$$m_y = v_{Outflow}\rho_r A = v_{Outflow}\rho_r(1 \times d\xi) = v_{Outflow}\rho_r d\xi \qquad (2-76)$$

式中 A——与原油流动方向垂直的横截面流动面积,可以用1乘以 $d\xi$ 进行表示,m^2;

$v_{Outflow}$——平行于泄油界面向下的原油达西流动速率,m/s。

将式(2-76)代入式(2-75),采出原油带走的净热量可以用式(2-77)表示:

$$Q = v_{Outflow}\rho_r c_{pr}(T - T_r) \qquad (2-77)$$

而在二维泄油界面上,$v_{Outflow}$ 可以用式(2-78)表示:

$$v_{Outflow} = \frac{KK_r g \sin\theta}{\mu} \qquad (2-78)$$

根据 Butler 和 Stephens(1981)建立的原油黏度对温度的相关性经验公式:

$$\frac{\mu_{st}}{\mu} = \left(\frac{T - T_r}{T_{st} - T_r}\right)^n \qquad (2-79)$$

式中 μ_{st}——在蒸汽腔温度下的原油黏度,$mPa \cdot s$;

n——原油黏度与温度变化关系的一个常量。

Butler(1994)提出了计算 n 的经验公式:

$$n = \left[\mu_{st}\int_{T_r}^{T_{st}}\left(\frac{1}{\mu} - \frac{1}{\mu_{st}}\right)\frac{dT}{T - T_r}\right]^{-1} \qquad (2-80)$$

Butler 和 Stephens(1981)认为 n 的取值范围在 3~5 之间,但可以采用图板法对 n 进行求解,如图 2-17 所示,将不同 n 值的黏—温曲线图板与实际某一油藏测试得到的黏温曲线放在一起,即可得到该油藏原油的合理 n 值区间。以 Alberta 油样为例,得到的 n 值区间为 4.7 ~ 5.9。将式(2-79)代入式(2-78),得到可动油流动速率表达式:

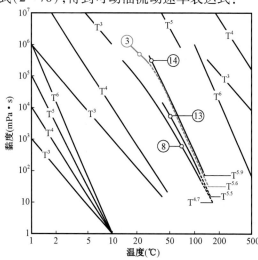

图 2-17 不同 n 值的黏—温曲线图板与实际油藏黏—温曲线对比图

$$v_{\text{Outflow}} = \frac{KK_{\text{r}}g\sin\theta}{\mu_{\text{st}}}\left(\frac{T - T_r}{T_{\text{st}} - T_r}\right)^n \qquad (2-81)$$

式中　K——绝对渗透率,D;

　　　K_{r}——油相相对渗透率;

　　　g——重力常数,9.8m/s^2;

　　　θ——汽腔界面与水平线的夹角,°;

　　　μ_{st}——蒸汽温度下原油的黏度,mPa·s;

　　　T_{st}——蒸汽温度,℃。

以$\overline{T}$表示原始油层升温量:

$$\overline{T} = T - T_r \qquad (2-82)$$

式(2-81)可以表示为

$$v_{\text{Outflow}} = \frac{KK_{\text{r}}g\sin\theta}{\mu_{\text{st}}}\left(\frac{1}{T_{\text{st}} - T_r}\right)^n \overline{T}^n \qquad (2-83)$$

将式(2-77)、式(2-81)代入式(2-74),得到

$$\lambda\left(\frac{\partial^2 \overline{T}}{\partial \xi^2}\right) + U_x\rho_r c_{\text{pr}}\left(\frac{\partial \overline{T}}{\partial \xi}\right) - \frac{KK_r\rho_r c_{\text{pr}}g\sin\theta}{\mu_{\text{st}}}\left(\frac{1}{T_{\text{st}} - T_r}\right)^n \overline{T}^{n+1} = 0 \qquad (2-84)$$

由于 Butler 和 Stephens(1981)未考虑热对流这一项,因此得到的公式为

$$\lambda\left(\frac{\partial^2 \overline{T}}{\partial \xi^2}\right) + U_x\rho_r c_{\text{pr}}\left(\frac{\partial \overline{T}}{\partial \xi}\right) = 0 \qquad (2-85)$$

Sharma 和 Gates(2011)以及 Irani 和 Ghannadi(2013)建议在式(2-85)中也考虑垂直于或正对着蒸汽腔泄油界面方向的冷凝水的对流速率 v_c 不为 0 的情况:

$$\lambda\left(\frac{\partial^2 T}{\partial \xi^2}\right) - (v_c\rho_c c_{\text{pc}} - U_x\rho_r c_{\text{pr}})\left(\frac{\partial T}{\partial \xi}\right) = 0 \qquad (2-86)$$

根据 Irani 和 Ghannadi(2013)的认识,从能量平衡的角度以及压力驱动使得冷凝水向正对着蒸汽腔泄油界面的方向流动考虑,式(2-86)可用式(2-87)表示:

$$\lambda\left(\frac{\partial^2 T}{\partial \xi^2}\right) - \left[U_x\phi c(p_{\text{st}} - p_r)\exp\left(-\frac{\phi\mu_{\text{w}}c}{KK_{\text{rw}}}U_x\xi\right) \times \rho_c c_{\text{pc}} - U_x\rho_r c_{\text{pr}}\right]\left(\frac{\partial T}{\partial \xi}\right) = 0 \qquad (2-87)$$

对式(2-87)求解,得到

$$T^* = \frac{T - T_r}{T_{\text{st}} - T_r} = \frac{\sum\limits_{n=0}^{\infty}\dfrac{\left[\exp(-k\xi)\right]^{\left(\frac{U_x}{k\alpha}+n\right)}}{n! \times \left[\dfrac{U_x}{k\alpha} + n\right]}(-\eta)^n}{\left\{\dfrac{k\alpha}{U_x} + \sum\limits_{n=1}^{\infty}\dfrac{1}{n! \times \left[\dfrac{U_x}{k\alpha} + n\right]}(-\eta)^n\right\}} = \frac{\sum\limits_{n=0}^{\infty}\dfrac{(p^*)^{\left(\frac{U_x}{k\alpha}+n\right)}}{n! \times \left[\dfrac{U_x}{k\alpha} + n\right]}(-\eta)^n}{\left\{\dfrac{k\alpha}{U_x} + \sum\limits_{n=1}^{\infty}\dfrac{1}{n! \times \left[\dfrac{U_x}{k\alpha} + n\right]}(-\eta)^n\right\}}$$

$$(2-88)$$

式中　用 p^* 表示 $(p_{st} - p_r)$；

　　　T——温度，℃；

　　　T_r——原始油藏温度，℃；

　　　T_{st}——饱和蒸汽温度，℃；

　　　k——绝对渗透率，D；

　　　U_x——泄油界面向外围扩展的速率，m/s，

　　　ξ——泄油界面在不同时刻的位置，m；

　　　n——原油黏度与温度变化关系的一个常量；

　　　α——油层的热扩散系数；

　　　η——常数，8.64×10^4。

将式（2-88）进行简化，得到

$$T^* = \frac{U_x}{k\alpha} \sum_{n=0}^{\infty} \frac{(p^*)^{\left(\frac{U_x}{k\alpha}+n\right)}}{n! \times \left(\frac{U_x}{k\alpha} + n\right)} (-\eta)^n \qquad (2-89)$$

其中：

$$\eta = \frac{U_x(p_{st} - p_r)\rho_c c_{pc} KK_{rw}}{K\mu_w} = \frac{U_x(p_{st} - p_r)KK_{rw}}{\alpha_c\mu_w} \qquad (2-90)$$

$$k = \frac{\phi\mu_w c}{KK_{rw}} U_x \qquad (2-91)$$

式中　α_c——冷凝水的热扩散系数，m^2/s。

通过式（2-88）计算得到的泄油界面外围距离与温度变化关系曲线如图 2-18 所示。

图 2-18（a）是 Irani 和 Ghannadi（2013）考虑冷凝水向正对着蒸汽腔泄油界面方向流动的计算模型解析解，图 2-18（b）是式（2-91）考虑了可动油流出的热对流的解析解计算结果。温度对比图 2-18（c）可见，油层水相相对渗透率是影响冷凝水向蒸汽腔泄油界面方向流动的关键，当水相相对渗透率从 $10^{-8} \sim 10^{-5}$ 范围内变化时，计算引起的温度差最高可以达到10℃。

温度对比图 2-18（d）可见，原油黏—温关系（在 n 的区间图板上得到的 n 值）、蒸汽腔内原油黏度、泄油界面的油层绝对渗透率均是影响流出热量的关键因素。

对式（2-89）进行进一步变换：

$$\frac{U_x}{k\alpha} = \frac{\beta}{\alpha} \qquad (2-92)$$

其中，β 为冷凝水向油层扩散的水动力分子扩散系数，用式（2-93）表示：

$$\beta = \frac{KK_{rw}}{\phi\mu_w c} \qquad (2-93)$$

由此，式（2-89）可表示泄油腔外油层温度的变化 T^* 为受到冷凝水水动力分子扩散与油

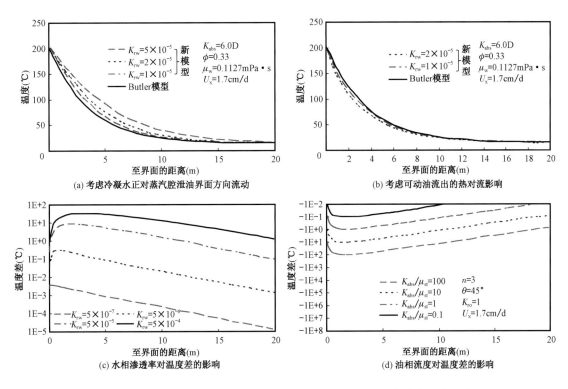

图2-18 不同解析方法得到的蒸汽腔泄油界面不同位置温度分布及误差对比

层热扩散综合影响的函数关系式：

$$T^* = \frac{\beta}{\alpha} \sum_{n=0}^{\infty} \frac{(p^*)^{\left(\frac{\beta}{\alpha}+n\right)}}{n! \times \left(\frac{\beta}{\alpha}+n\right)} (-\eta)^n \qquad (2-94)$$

3. 考虑产出流体带走热量的井间传热计算方法

根据Butler(1994)的观点,向外的热对流是油层产生温度变化的原因,可用式(2-95)表示：

$$\frac{T - T_r}{T_{st} - T_r} = e^{\frac{U_x \rho_r c_{pr}}{\lambda} \xi} \qquad (2-95)$$

或者：

$$\overline{T} = (T_{st} - T_r) e^{-\frac{U_x \rho_r c_{pr}}{\lambda} \xi} \qquad (2-96)$$

在流度较高的油层,由于热量在热对流作用下更快流出,油层降温更快,将式(2-95)代入式(2-84),得到

$$\lambda \left(\frac{\partial^2 \overline{T}}{\partial \xi^2} \right) + U_x \rho_r c_{pr} \left(\frac{\partial \overline{T}}{\partial \xi} \right) - \frac{K K_r \rho_r c_{pr} g \sin\theta}{\mu_{st}} (T_{st} - T_r) \times e^{-(n+1)\frac{U_x \rho_r c_{pr}}{K} \xi} = 0 \qquad (2-97)$$

式(2-96)为普通差分方程,其求解形式为

$$\overline{T} = A + Be^{\frac{U_x\rho_rc_{pr}}{K}\xi} \qquad (2-98)$$

对式(2-97)求解得到表达式为

$$\overline{T} = \left[\frac{\lambda}{n(n+1)U_x^2\rho_rc_{pr}}\frac{KK_rg\sin\theta}{\mu_{st}}\right](T_{st} - T_r) \times e^{-(n+1)\frac{U_x\rho_rc_{pr}}{\lambda}\xi} \qquad (2-99)$$

代入初始条件与边界条件:

$$\xi = 0 \quad \overline{T} = T_{st} - T_r \qquad (2-100)$$

$$\xi \to \infty \quad \overline{T} = 0 \qquad (2-101)$$

其中,式(2-98)的A=0,B用式(2-102)表示:

$$B = \left[1 - \frac{\lambda}{n(n+1)U_x^2\rho_rc_{pr}}\frac{KK_rg\sin\theta}{\mu_{st}}\right] \times (T_{st} - T_r) \qquad (2-102)$$

并利用T^*代替式(2-103):

$$T^* = \frac{T - T_r}{T_{st} - T_r} \qquad (2-103)$$

得到简化形式:

$$T^* = \left[1 - \frac{\lambda}{n(n+1)U_x^2\rho_rc_{pr}}\frac{KK_rg\sin\theta}{\mu_{st}}\right]e^{-\frac{U_x\rho_rc_{pr}}{\lambda}\xi} + \left[\frac{\lambda}{n(n+1)U_x^2\rho_rc_{pr}}\frac{KK_rg\sin\theta}{\mu_{st}}\right]e^{-(n+1)\frac{U_x\rho_rc_{pr}}{\lambda}\xi}$$

$$(2-104)$$

由式(2-84)可知,净流出热量Q_{True}为

$$Q_{\text{True}} = \frac{KK_r\rho_rc_{pr}g\sin\theta}{\mu_{st}}\left(\frac{1}{T_{st} - T_r}\right)^n \overline{T}^{n+1} \qquad (2-105)$$

而通过式(2-89)的推导可知:

$$Q_{\text{Assumed}} = \frac{KK_r\rho_rc_{pr}g\sin\theta}{\mu_{st}}(T_{st} - T_r) \times \exp\left[-(n+1)\frac{U_x\rho_rc_{pr}}{\lambda}\xi\right] \qquad (2-106)$$

上述两个计算公式的计算结果对比如图2-19所示。

对比结果表明,两者的计算误差较小,因此两个解析公式均适用。

4. 考虑蒸汽进入油层+产出流体带走热量的井间传热计算方法

本节重点对对流传热向油层传递的热量,以及对流传热传递热量占总传递热量(热对流+热传导)的比例进行计算。

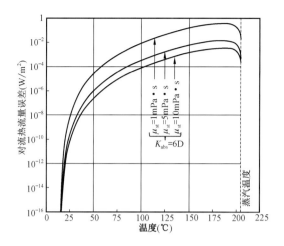

图 2 - 19　两种净流出热量解析解误差对比

将式(2 - 90)代入式(2 - 86),得到对流传热热流量计算公式:

$$Q = \frac{KK_r\rho_r c_{pr}g\sin\theta}{\mu_{st}}\left(\frac{1}{T_{st} - T_r}\right)^n (T - T_r)^{n+1} \qquad (2 - 107)$$

Irani 和 Ghannadi(2013)也推导了考虑冷凝水向正对着蒸汽腔泄油界面方向流动的对流传热热流量计算公式:

$$Q = U_x\phi c(p_{st} - p_r)\exp\left(-\frac{\phi\mu_w c}{KK_{rw}}U_x\xi\right)\rho_c c_{pc} \qquad (2 - 108)$$

上述两个解析公式的计算结果与 UTF 项目的实测对比表明(图 2 - 20),考虑冷凝水向正对着蒸汽腔泄油界面的方向流动的对流传热热流量计算公式得到的值比实测值高,原因在于向泄油界面外油层流入的冷凝水进一步补充了热量;而本节中的公式考虑热油流出带走热量的解析解得到的计算结果则比实测结果偏低,但当进一步降低原油黏度,并提高油层绝对渗透率得到的计算结果则与实测结果基本接近。因此,本次得到的结果更具合理性。

注蒸汽循环预热对转 SAGD 生产阶段蒸汽腔的上升速度、SAGD 上产速度、水平段蒸汽腔的发育程度与动用率及 SAGD 最终采收率等均有重要影响。而 SAGD 注采井水平段之间的储层温度是评判预热连通是否达到要求及合理转 SAGD 生产的关键参数。针对前人传热解析模型未分别考虑实际储层多孔介质中岩石、原油、地层水传热与热扩散性能等问题,建立了考虑油水岩石的多介质多相流体综合传热解析新模型,该模型综合考虑油层传热介质、油层含油饱和度与孔隙度等物性对热扩散能力的综合影响,在前人点源传热叠加解析模型基础上,建立了正确表征 SAGD 循环预热过程中,热量在油层中的真实传递情况的传热解析新模型。该模型的建立可方便、快捷地对预热连通情况进行判断,对现场 SAGD 技术成功实施具有重要意义。

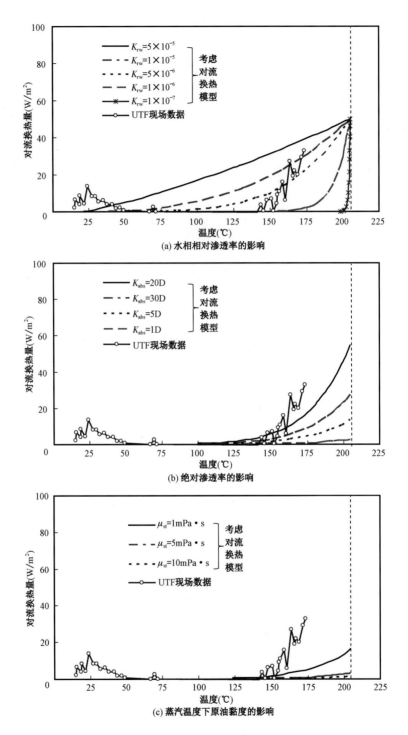

(a) 水相相对渗透率的影响

(b) 绝对渗透率的影响

(c) 蒸汽温度下原油黏度的影响

图 2 – 20　不同解析公式的对流传热热流量计算结果与 UTF 项目的实测对比

第四节 双水平井 SAGD 蒸汽腔相态理论

SAGD 技术实施效果的影响因素很多,使其计算方法复杂、计算量大。为了能在不降低计算精确度的基础上有效地减少计算量,做如下假设:

(1)油藏均质且各向同性。

(2)主要驱动机理包括重力泄油与弹性驱动。

(3)蒸汽腔前缘的热传递方式只是热传导。

(4)产出物的流动认为是拟稳态。

(5)在蒸汽腔前缘处,温度变化为拟稳态。

(6)在 SAGD 进行过程中,蒸汽腔压力保持恒定。

(7)注汽井周围形成的蒸汽腔是一个不断扩展的倒棱体相似体(图 2 – 21)。

(8)蒸汽在注入蒸汽腔过程中各方向均匀分布。

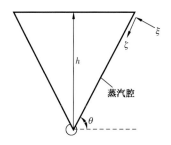

图 2 – 21 蒸汽腔平面几何形状

本部分讨论水平井之上蒸汽腔的侧向扩展阶段,此阶段蒸汽腔只有向四周的扩散,也是蒸汽辅助重力泄油的稳产阶段,此阶段蒸汽腔界面呈倒三角形稳定地进行侧向扩散。

如图 2 – 22 所示,界面的推进速度 U 可以通过界面微元段的移动状况确定,在 dt 时间内,在法向方向上,界面推进距离为 Udt 在水平方向上,推进速度为 $(\partial x/\partial t)_y dt$。所以,$U$ 可以表示为

$$U = (\partial x/\partial t)_y \sin\theta \qquad (2 – 109)$$

式中 U——汽腔界面的推进速度,m/s;

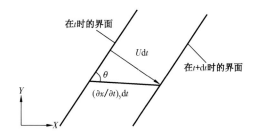

图 2 – 22 界面推进速度 U 与水平速度 $(\partial x/\partial t)_y$ 的几何关系

x——任意 t 时刻汽腔界面的位置,m;

t——时间,s;

θ——汽腔与水平线的夹角,°。

当界面向前推进的时候,蒸汽不断在界面凝结,凝结汽随着被驱替的原油穿过汽液界面,迅速达到油层基质的温度。在热量被传递到凝结表面前,还必须由蒸汽提供这种预加热所需要的热量。假如汽液界面推进时为稳态恒定速度,那么汽液界面就能达到一种均匀稳定的导热的传导速度状态,累积在汽液界面前的热量就会达到一个值。在此情形下,热量在汽液界面前与界面后的传导速度是相同的。与界面正交方向上的热传导速度决定于油藏的导热系数、密度和热容量,还取决于由于泄油产生的界面推进速度。

如图 2 - 23 所示,图中点划线表示温度是关于界面距离的函数。温度向油藏中推进的速度为 U,温度为 T,距界面的距离为 ξ,热传导方程见式(2 - 110):

$$- \lambda \frac{dT}{d\xi} = U\rho C(T - T_R) \qquad (2 - 110)$$

式中 λ——油层导热系数,W/(m·K);

  ρC——油藏的体积热容,J/(m³·K);

  T_R——初始油层温度,K。

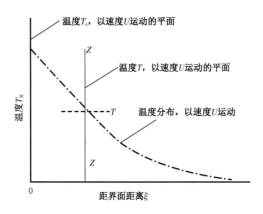

图 2 - 23 界面前稳态温度分布

将式(2 - 110)整理得

$$\frac{dT}{d\xi} = - \frac{U}{\alpha}(T - T_R) \qquad (2 - 111)$$

式中 α——地层热扩散系数,$\alpha = \frac{\lambda}{\rho C}$,m²/s。

由式(2 - 111)得

$$d\xi = - \frac{U}{\alpha} \frac{dT}{T - T_R} \qquad (2 - 112)$$

其中,“ - ”表示随着 ξ 的增加,温度降低。利用边界条件,$\xi = 0$ 时,$T = T_0$(设水油界面的温度

为 T_0），对式（2-112）积分，有

$$\frac{T - T_R}{T_0 - T_R} = e^{\frac{U\xi}{\alpha}} \tag{2-113}$$

高的 U 值会造成随着距离增加，温度急剧下降，而 U 值较低时，温度下降缓慢，由式（2-114）可求出贮藏在界面前的单位面积总热量：

$$\frac{Q_C}{A} = \int_0^\infty \rho C (T - T_R) d\xi = \rho C \alpha (T - T_R) / U \tag{2-114}$$

由式（2-114）可以看出，贮存在界面前的热量与推进速度成反比。推进速度慢时，界面前就能贮存大量的热量；推进速度快时，界面前贮存少量的热量。在 SAGD 重力泄油过程中，贮藏在汽液界面前的热量加热原油使油移动并向下泄流；同时，油的排泄也使界面能够继续向前移动。加热原油的排泄速度控制汽液界面的推进速度。

原始温度条件下，相应的微分流量方程见式（2-115）：

$$dq_r = \frac{LKg\sin\theta}{v_R} d\xi \tag{2-115}$$

从式（2-109）中扣除这一部分流量，就得到了由于被加热而增加的流量。

$$dq - dq_r = LKg\sin\theta\left(\frac{1}{v} - \frac{1}{v_R}\right)d\xi \tag{2-116}$$

令 $dq_o = dq - dq_r$，则得到式（2-117）：

$$dq_o = LKg\sin\theta\left(\frac{1}{v} - \frac{1}{v_R}\right)d\xi \tag{2-117}$$

之所以做这样的变换，是因为用式（2-109）积分求得的总流量是无穷的。这是由于 v_R 虽然较大，但它毕竟是有限的。将式（2-112）代入式（2-115）得

$$dq_o = -\frac{LKg\alpha\sin\theta}{U}\left(\frac{1}{v} - \frac{1}{v_R}\right)\frac{dT}{T - T_R} \tag{2-118}$$

原油黏度随温度的变化取决于油藏条件下原油的物性，原油的黏温变化关系由式（2-119）给出（设原始地层温度为 T_0）：

$$\frac{v_0}{v} = \left(\frac{T - T_R}{T_0 - T_R}\right)^m \tag{2-119}$$

此黏—温关系应用的条件为 $\frac{1}{v_R} = 0$，对于应用 SAGD 的稠油油藏来说，可近似认为 $\frac{1}{v_R} = 0$，满足条件。

将式（2-119）代入式（2-118）得

$$dq_o = -\frac{LKg\alpha\sin\theta}{Uv_0}\left(\frac{T - T_R}{T_0 - T_R}\right)^m\frac{dT}{T - T_R} \tag{2-120}$$

对式(2-120)积分得

$$q_o = -\frac{LKg\alpha\sin\theta}{Uv_0}\int_{T_R}^{T_0}\left(\frac{T-T_R}{T_0-T_R}\right)^m\frac{\mathrm{d}T}{T-T_R} = \frac{LKg\alpha\sin\theta}{Umv_0} \qquad (2-121)$$

将式(2-109)代入式(2-121)中,得

$$q_o = \frac{LKg\alpha}{mv_0\left(\dfrac{\partial x}{\partial t}\right)_y} \qquad (2-122)$$

图2-24所示为微元界面的物质平衡。当汽液界面向前推进时,油流出这个区域的速度快于流入这个区域的速度,用该速度差可以确定界面的推进速度。在 $\mathrm{d}t$ 时间内,由底部截流流出的原油体积必须大于顶部截面流入的体积,并且数量与 $\left(\dfrac{\partial x}{\partial y}\right)_y\mathrm{d}y\mathrm{d}t$ 的体积相等。此时,平行四边形面积内所含有的流动性原油就都从高度为 $\mathrm{d}y$ 的油藏水平薄片中排出。由此得到物质平衡式为

$$-\left(\frac{\partial q_o}{\partial y}\right)_t\mathrm{d}y\mathrm{d}t = L\phi\Delta S_o\left(\frac{\partial x}{\partial t}\right)_y\mathrm{d}y\mathrm{d}t \qquad (2-123)$$

式中 ϕ——孔隙度;

ΔS_o——含油饱和度变化量。

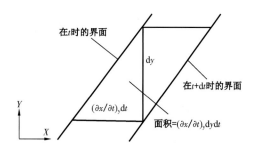

图2-24 界面处小微元内物质平衡示意图

其中"-"表示当 y 减小时,q_o 增加,式(2-111)变形为

$$\frac{\partial x}{\partial t} = \frac{1}{L\phi\Delta S}\left(\frac{\partial q_o}{\partial t}\right) \qquad (2-124)$$

将式(2-124)代入式(2-122)中得

$$q_o = -\frac{L^2Kg\alpha\phi\Delta S_o}{mv_o}\frac{\mathrm{d}y}{\mathrm{d}q_o} \qquad (2-125)$$

利用边界条件进行积分变换,在蒸汽腔的顶部,即泄油高度为 h 处,泄油率为0;在泄油高度为 y 处,泄油率为 q_o。

$$\int_0^q q_o \mathrm{d}q_o = -\frac{L^2 Kg\alpha\phi\Delta S_o}{mv_o}\int_h^y \mathrm{d}y \qquad (2-126)$$

式中　h——蒸汽腔高度，即引起泄流的有效压头，m。

将式(2-126)积分，得水平井一侧泄油率的计算公式：

$$q_o = L\sqrt{\frac{2Kg\alpha\phi\Delta S_o(h-y)}{mv_o}}（一边） \qquad (2-127)$$

将式(2-127)代入式(2-122)中，得到交界面的水平速度：

$$\left(\frac{\partial x}{\partial t}\right)_y = \sqrt{\frac{Kg\alpha}{2\phi\Delta S_o mv_o(h-y)}} \qquad (2-128)$$

应当指出，水平速度是垂直高度的函数，它与时间无关。如果假设蒸汽腔开始时在生产井之上是一个垂直面，那么水平驱替作为一个时间 t 和高度 y 的函数，可以利用 $t=0$ 时，$x=0$，对时间 t 进行积分得

$$x = t\sqrt{\frac{Kg\alpha}{2\phi\Delta S_o mv_o(h-y)}} \qquad (2-129)$$

将式(2-129)变形可得

$$y = h - \frac{Kg\alpha}{2\phi\Delta S_o mv_o}\left(\frac{t}{x}\right)^2 \qquad (2-130)$$

式中　α——地层热扩散系数，$\alpha=\dfrac{\lambda}{\rho c}$，$5.35\times10^{-7}\mathrm{m^2/s}$；

　　　ΔS_o——含油饱和度变化量；

　　　h——蒸汽腔高度，即生产井距油藏顶部距离，$h=27.5\mathrm{m}$；

　　　m——黏度特征参数，通常取值为3.5。

图2-25为蒸汽腔的侧向扩展阶段蒸汽腔的汽液界面分布图，图中描述的是蒸汽腔温度为200℃，蒸汽腔的气液界面随着时间变化的分布情况，可以看出，界面呈曲线并随着时间向侧面扩展，但界面曲线的上、下端部分不符合实际。在界面的低部位曲线呈现远离生产井的水平方向运动，也就是说，受热原油必然沿着底线做水平方向的运动。另外，在油藏顶部的曲线趋于无穷大，这是因为当 $y=h$，根据式(2-130)，x 将变为无穷大。出现这种现象的原因在于，式(2-130)的成立是假定了在推进中的前缘前，其温度分布相当于一个以特定的推进速度 U 向前推进的稳定状态，而泄油过程中热前缘实际的推进状况与所做的这种假设不符合。事实上，油藏底部的界面向前推进的速度比油藏顶部慢，在SAGD初期阶段，油藏底部蒸汽腔几乎没有向前推进。式(2-130)中计算出的界面曲线可以用一种简单的近似方法进行处理。假设图2-25界面曲线的下游部位用从井到该曲线的切线所代替，使它们保持与生产井相连。修正后的界面曲线如图2-26所示。

蒸汽腔扩展规律对SAGD采油效果有重要影响，因此，分析蒸汽腔扩展规律对深入研究SAGD技术具有重要作用。蒸汽腔扩展过程涉及蒸汽腔边界上能量传递与物质平衡的关系。

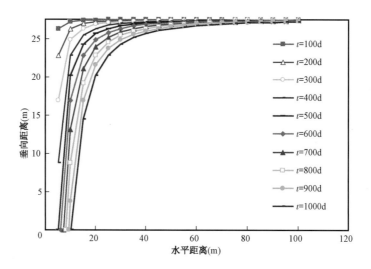

图2-25　蒸汽腔的侧向扩展阶段蒸汽腔的气液界面分布图

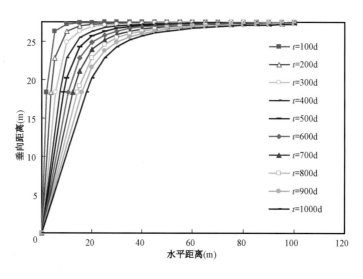

图2-26　修正后蒸汽腔的气液界面分布图

本节通过分析蒸汽腔扩展规律,最终建立了双水平井 SAGD 蒸汽腔的气液界面修正数学模型,对于准确描述 SAGD 生产过程中气液界面的形态与扩展规律具有重要的理论意义。

第五节　双水平井 SAGD 产量预测方法

SAGD 生产过程分为三个阶段:第一个阶段为蒸汽腔上升阶段,此阶段产量随着时间的延长而增加,当蒸汽腔上升到油藏的顶部时,瞬时油产量达到最大值;第二个阶段为蒸汽腔的侧向扩展阶段,此阶段原油产量保持相对稳定;第三个阶段是当蒸汽腔扩展到油藏边界或井组的控制边界时,由于蒸汽腔沿边界下降,油井产量也随之降低。当瞬时油产量达到经济极限,开采过程结束。

一、双水平井 SAGD 产量预测理论公式

从 1978 年 SAGD 技术的提出开始,Butler(1991)及其研究小组对 SAGD 技术的机理和预测理论进行了大量的相似物理模拟实验和理论研究,得出了重力泄油各个不同阶段的油产量预测公式:

蒸汽腔上升阶段:

$$q = 3L\left(\frac{Kg\alpha}{mv_0}\right)^{2/3}(\phi\Delta S_o)^{1/3}t^{1/3} \tag{2-131}$$

蒸汽腔上升至油层顶部并达到高峰稳定产量所需的时间:

$$t = 0.44h\sqrt{\frac{\phi\Delta S_o mv_o h}{Kg\alpha}} \tag{2-132}$$

蒸汽腔向外扩展时的油产量可以用下式预测:

$$q = 2L\sqrt{\frac{1.3Kg\alpha\phi\Delta S_o h}{mv_o}} \tag{2-133}$$

当蒸汽腔到达井组边界或者油藏边界时,其产量为

$$q = 2.28L\sqrt{\frac{1.3Kg\alpha\phi\Delta S_o h}{mv_o}} - 2.6L\left(\frac{h}{w}\frac{Kg\alpha}{mv_o}t\right) \tag{2-134}$$

式中　q——原油产量,t/d;

　　　L——水平段长度,m;

　　　K——绝对渗透率,D;

　　　g——重量常数,9.8m/s^2;

　　　α——热扩散系数,m^2/s;

　　　m——黏—温曲线指数;

　　　v_o——原油的运动黏度,m^2/s;

　　　ϕ——孔隙度;

　　　ΔS_o——可动油饱和度;

　　　h——油层厚度,m;

　　　w——油藏宽度,m;

　　　t——时间,d。

二、双水平井 SAGD 产量影响主控因素

以上述 Butler 产量预测解析公式为基础,分析对比了 SAGD 生产过程中蒸汽腔温度、孔隙度、储层渗透率、水平井水平段长度及水平生产井距泄油边界距离对日产油量的影响。计算实例的基本参数取自风城超稠油 SAGD 开发油藏,生产井距油藏顶部距离为 27.5m,水平生产井距泄油边界距离为 100m,水平井水平段长度为 500m,蒸汽腔温度为 200℃。

1. 蒸汽腔温度的影响

对比蒸汽腔温度分别为200℃、250℃、300℃时产量随时间的变化(图2-27)。蒸汽腔温度越高,日产油量越大,达到最大值所需的时间越短,蒸汽腔到达泄油边界后,日产油量下降速度最大。

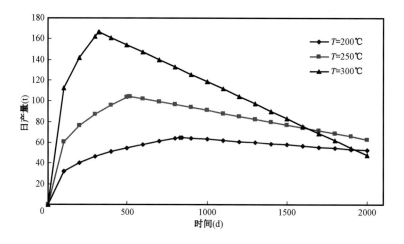

图2-27　不同蒸汽腔温度下日产油量对比图

2. 孔隙度的影响

对比孔隙度分别为20%、25%、30%、35%、40%时日产油量随时间的变化(图2-28),孔隙度越大,日产油量越高,并且日产油量达到最大值所需的时间也越长。此外,孔隙度的大小对蒸汽腔到达泄油边界后日产油量的下降速度没有影响。

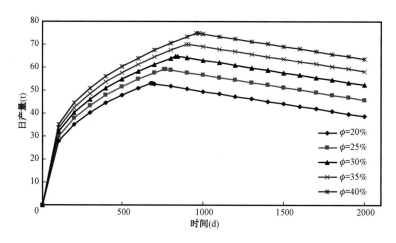

图2-28　不同孔隙度下日产油量对比图

3. 储层渗透率的影响

对比储层渗透率分别为原来的20%、50%时日产油量随时间的变化(图2-29),渗透率越高,日产油量越大,达到最大值所需的时间也越短,并且,在蒸汽腔到达泄油边界后日产油量的下降速度越快。

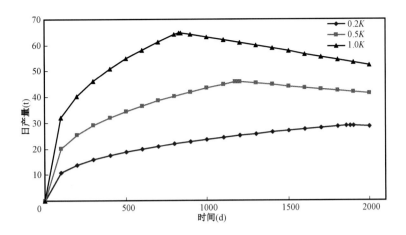

图 2 - 29　不同储层渗透率下日产油量对比图

4. 水平井水平段长度的影响

对比水平井水平段长度分别为 300m、400m、500m、600m、700m 时的日产油量随时间的变化(图 2 - 30),对比可知,水平井水平段长度越长,日产油量越大,蒸汽腔到达泄油边界后日产油量下降越快。图中显示,水平段长度对日产油量达到最大值所需的时间没有影响,理想情况下,认为水平段蒸汽腔发育水平是一致的。

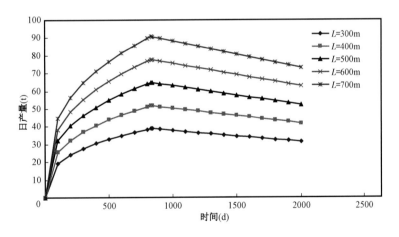

图 2 - 30　不同水平段长度下日产油量对比图

5. 生产井距泄油边界距离的影响

对比水平井距泄油边界距离分别为 100m、150m、200m 时日产油量随时间的变化(图 2 - 31),对比可知,水平井距泄油边界距离越长,稳产时间越长。图中显示,水平井距泄油边界距离对日产油量达到最大值所需的时间没有影响,对于 SAGD 而言,蒸汽腔到达油层顶部意味着重力作用达到最大,产油峰值到来。

蒸汽辅助重力驱油(SAGD)作为开发超稠油的前沿技术,其具有较高的采收率,所以 SAGD 在稠油开采中应用越来越广泛。本节对现在广泛使用的 SAGD 产量预测公式进行了总

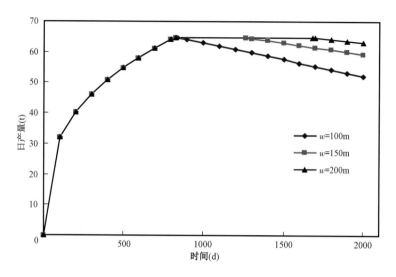

图 2-31　不同水平井距泄油边界距离情况下日产油量对比图

结与影响因素分析。当然,随着 SAGD 技术的不断发展,对 SAGD 产量预测的模型也提出了更高的要求。通过在现有模型基础上的改进可以进一步修正 SAGD 技术的产量预测公式,对准确预测 SAGD 技术的开发效果具有重要作用。

第三章 双水平井 SAGD 物理模拟技术

为了揭示双水平井 SAGD 在陆相非均质超稠油油藏中的开发可行性与重力泄油机理,表征 SAGD 开发规律,并分析非均质性对 SAGD 开发效果的影响,开展储层及流体热物性参数测定等基础实验,并系统开展双水平井 SAGD 开发规律的大型三维比例物模实验。本章总结了双水平井 SAGD 开发的物理模拟实验方法,包括 SAGD 储层及流体基础参数与相对渗透率实验、SAGD 储层高温岩石力学特征实验、SAGD 开发规律大型三维比例物模实验、非均质 SAGD 大型三维比例物模实验。

第一节 储层及流体基础参数测定实验

一、原油黏—温关系特征实验

使用 HAAKE MARS Ⅲ 流变仪(该流变仪测定液体的黏度范围:$0.5 \sim 10^8 mPa \cdot s$,温度范围:$-20 \sim 350℃$,最大工作压力 40MPa),针对新疆风城油田 10 口井的原油,进行了黏度和温度的关系测定[参照《原油粘温曲线的确定旋转粘度计法》(SY/T 7549—2000)],其结果如图 3 – 1 所示。从这 10 口井原油的黏 温关系可见,原油黏度对温度反应敏感,温度每升高 10℃,黏度降低 50% ~70%,即温度从 20℃升至 80℃时,原油黏度从 $100 \times 10^4 mPa \cdot s$ 以上降至 10000mPa·s 以下,温度达到 100℃以上时,原油黏度降至 1000mPa·s 以下,具有较好的流动性。

将风城的原油与加拿大油砂原油进行了黏—温关系特征对比(图 3 – 2),结果表明,风城的原油在高温条件下(200℃)原油黏度为 70 ~100mPa·s,而加拿大油砂典型区块原油黏度为

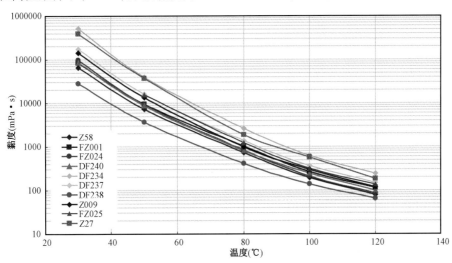

图 3 – 1 风城原油黏度—温度关系曲线图

8～10mPa·s,因此风城 SAGD 采用纯蒸汽 SAGD 开发过程中,原油泄油阻力大于加拿大油砂,蒸汽高温条件下的泄油能力相对较差。

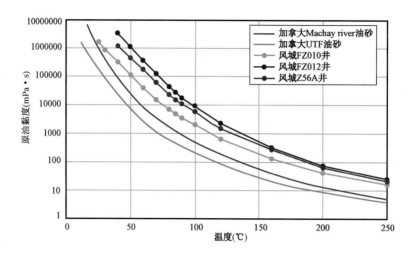

图 3-2　加拿大油砂与风城原油黏—温关系特征对比

二、SAGD 储层热物性特征实验

SAGD 储层热物性参数是决定 SAGD 蒸汽腔发育形态和扩展速度的关键参数,而蒸汽腔的发育和扩展对 SAGD 泄油速度至关重要。因此,精确测定 SAGD 储层岩石及流体的热物性参数,是建立合理的 SAGD 数模模型、合理部署 SAGD 井网、制订合理操作参数的前提。利用 QUCKLINE™-30 岩石热物性测定设备、DSC-7 差式扫描量热仪等装置[参照《地层岩石热物性参数的测定方法》(SY/T 6107—2002)],针对新疆风城油田 Z5 井区齐古组的 4 块岩心样品和 2 个油样,进行了热扩散系数、比热容等热物性参数的测定,结果见表 3-1 和表 3-2。可以看出,齐古组油层的油砂导热系数较常规砂岩小,对 SAGD 启动阶段的循环预热有一定的影响,需要相对更长的预热时间;此外,其比热容较常规砂岩低,升高到相同温度所需的热量较小,这对整个 SAGD 过程有利。

表 3-1　新疆油田岩石热物性参数测定结果

参数	油砂	盖层	夹层	底层
导热系数[W/(m·K)]	0.931	2.750	1.670	2.000
热扩散系数(10⁻⁶m²/s)	0.535	1.830	0.835	1.600
比热容[10⁶J/(m³·K)]	1.730	1.500	1.870	1.400

表 3-2　新疆油田原油热物性参数测定结果

参数	010 井	56A 井
导热系数[W/(m·K)]	0.189	0.116
热扩散系数(10⁻⁶m²/s)	0.124	0.080
比热容[10⁶J/(m³·K)]	1.510	1.450

三、SAGD 高温蒸汽相渗及驱油效率实验

1. 多相相对渗透率测定实验

利用 FZ010 井的岩心及原油样品、分两组进行了相对渗透率实验［测试方法参照《稠油油藏驱油效率的测定》(SY/T 6315—2006)］,结果如图 3-3、图 3-4 及表 3-3 所示。

表 3-3 风重 010 井岩心及原油相对渗透率试验结果

驱替方式	束缚水饱和度 S_{wi}	原始油饱和度 S_{oi}	残余油饱和度 S_{or}	K_{rgoiw} K_{rwo}
70℃水驱	0.234	0.766	0.510	0.0494
120℃水驱	0.310	0.690	0.377	0.0543
200℃水驱	0.327	0.673	0.295	0.0800
200℃蒸汽驱	0.308	0.692	0.220	0.0732
250℃蒸汽驱	0.356	0.644	0.152	0.0814

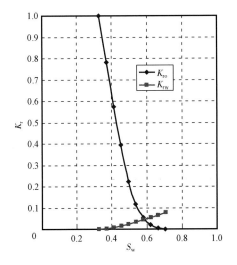

图 3-3 200℃油—水相对渗透率曲线

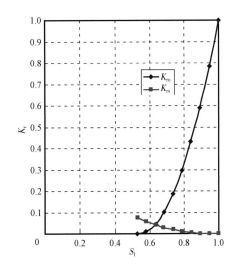

图 3-4 200℃油—汽相对渗透率曲线

根据实验结果得到以下认识:

(1)温度升高,岩心的束缚水饱和度增大,岩心向水湿转变。

(2)温度升高,水驱岩心的残余油饱和度降低,且在同一含水饱和度下,油相渗透率增大,而水相渗透率变化不大。

(3)风重 010 井的原油黏度有一定的差别,但在实验的高温条件下,原油黏度对油—水相对渗透率曲线、油—汽相对渗透率曲线影响不大。

2. 驱油效率测定实验

在双水平井 SAGD 开发过程中,蒸汽及其冷凝水在高温条件下对原油的驱替效率是影响 SAGD 开采采收率的关键因素之一。为了定量描述不同温度条件下的蒸汽及其冷凝水对原油

的驱油效率,利用一维长岩心驱替实验装置,选择风城 SAGD 开发区 FZ010 井的原油,进行了温度分别为 70℃、120℃和 200℃水驱驱油效率及温度分别为 200℃、250℃蒸汽驱驱油效率测定实验。

1) 实验装置

实验装置为一维长岩心驱替实验装置,实验流程如图 3－5 所示。实验在恒温条件下,用恒速驱替法进行。原油在使用之前先经负压脱水和过滤处理;实验用水为去离子水。

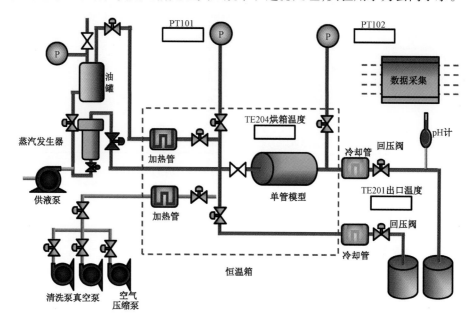

图 3－5　一维长岩心驱替设备流程示意图

2) 实验程序

(1)实验之前,对系统试压 10.0MPa,5 小时系统压力不下降为合格。

(2)将制备好的称重岩心放入岩心夹持器。加围压 7.0MPa,抽真空 0.001MPa 后再连续抽 5 小时,然后饱和水,将内压加至 2.0MPa,根据岩心的吸水量,计算岩心孔隙体积和孔隙度,最后再快速驱替 2 倍孔隙体积(PV)的水保证岩心出口无气泡为止。

(3)饱和好水以后,测 100% 水饱和度时岩心的水相渗透率;然后升温至实验温度并恒温 5 小时(升温过程中确保背压高于实验温度饱和蒸汽压 1.0MPa)再次测定岩心的水相渗透率。

(4)将烘箱升至设定的温度,打开实验仪器,恒温 5 小时;开动给水泵,当压力升到 2.0MPa 时,打开出口阀门,保持内压 2.0MPa,关闭旁通阀;打开岩心入口阀门,再开岩心出口阀门,并保持内压 2.0MPa;用 3～5PV 的原油驱替岩心中的饱和水,建立束缚水饱和度;为了保证得到束缚水,待压差曲线平稳后,再提高注入速度后驱替 1.0～1.5PV,同时测束缚水条件下的原油有效渗透率。

(5)将烘箱升至实验温度,恒温 5 小时,准备进行岩心驱替实验。

为了消除末端效应,对于蒸汽驱,对注入速度的要求是

$$V > 2V_P \qquad (3-1)$$

式中　V——实验条件下气体的体积流量,cm³/min;

　　　V_P——孔隙体积,cm³。

（6）驱油实验,分别包括水驱、热水驱与蒸汽驱的实验。

水驱实验:关闭原油进口阀门、出口阀门,开启岩心夹持器出口阀门,打开水泵并向岩心夹持器入口恒速注入蒸馏水,开始驱油实验。

热水驱实验:将水用恒温水浴或蒸汽发生器加热到预定实验温度,关闭原油进口阀门、出口阀门,开启岩心夹持器出口阀门,打开水泵并向岩心夹持器入口恒速注入蒸馏水,开始驱油实验。在实验过程中,连接水浴或蒸汽发生器到夹持器入口之间的管线需要进行保温处理,并在入口处测量注入水的温度,以防止注入水温度下降。

蒸汽驱实验:关闭原油进口阀门、出口阀门,打开给水泵为蒸汽发生器补水;蒸汽发生器升温至实验温度,开旁通阀,使蒸汽通过旁通（背压略低于该温度条件下的饱和蒸汽压）,然后关闭旁通阀;当蒸汽发生器出口压力略低于实验温度下的饱和蒸汽压时,开岩心出口阀,开始蒸汽驱实验;出口计量无水期产油量及适当时间间隔的产油量、产水量和压差等。在实验过程中,连接蒸汽发生器到夹持器入口之间的管线需要进行保温处理,并在入口处测量注入蒸汽的温度,以防止注入蒸汽温度下降。

（7）产出油、水量采用溶剂抽提蒸馏法计算。

3）实验结果

实验结果见表3-4,根据实验结果可以看出:

（1）温度升高,水驱油效率有较大幅度的提高,针对水驱油,温度由120℃提高到200℃时,FZ010井的驱油效率提高了11.2%。相同温度条件下,蒸汽驱驱油效率比水驱提高10%以上。

（2）该区属超稠油,原油中非烃含量超过50%,蒸汽驱驱油效率和常规普通稠油油藏相比低10%左右,相同温度条件下和辽河油田曙一区的超稠油相比,其驱油效率略低,主要原因可能是风城超稠油中胶质沥青质含量偏高。

表3-4　驱油效率实验结果（FZ010井岩心及原油）

序号	驱替方式	0.5PV	1.0PV	1.5PV	2.0PV	最终值(PV)
1	70℃水驱	15.1	21.2	23.9	25.6	33.4(10.9)
2	120℃水驱	19.2	24	31.8	35	45.0(9.164)
3	200℃水驱	27.5	33.6	42.8	45.8	56.2(8.693)
4	200℃蒸汽驱	37.4	45	55.8	60.1	71.3(7.864)
5	250℃蒸汽驱	37.9	46.4	59.2	64	76.9(6.676)

第二节　SAGD 三维比例物理模拟实验

采用高温、高压三维比例物理模型来描述超稠油油藏蒸汽辅助重力泄油的开发过程,可以揭示双水平井SAGD开发过程中各生产阶段特征和开采机理,预测开发动态和效果,为设计开发方案提供有效的理论依据。

一、蒸汽辅助重力泄油相似准则

物理模拟设计中应包含两套反映不同流动机理的相似准则体系,即油藏相似准则体系和水平井相似准则体系,分别表征油藏内的流体流动、井筒附近及井筒内部的流动。油藏内的流体流动是以重力为主要驱动力的达西渗流过程,而井筒附近及井筒内部流动为变质量流管内流动问题。在研究已有的油藏相似准则体系基础上,提出一套耦合高压油藏模型的双水平井SAGD模化准则,用于模化设计双水平井SAGD井筒及射孔或割缝尺寸。

1. 油藏高压模型相似准则

根据油藏内三相流体的质量守恒方程、能量守恒方程及达西定律,考虑盖底层热损失和周壁绝热边界条件。油藏部分的相似比例设计准则采用一体化的PB - Butler相似准则。PB - Butler准则模化的油藏主要参数包括空间尺度、渗透率、注入率、注采压差、时间等。

1)PB 的相似准则数

$$\frac{L_y}{L_x}, \frac{L_z}{L_x}, \phi, S_o, S_w, S_s, \phi, K_{ro}, K_{rw}, K_{rs}, \frac{\rho_o}{\rho_R}, \frac{\rho_w}{\rho_R}, \frac{\rho_s}{\rho_R}, \frac{\mu_o}{\mu_s}, \frac{\mu_o}{\mu_w}, \frac{C_o}{C_R}, \frac{C_w}{C_R}, \frac{\rho_c C_c}{\rho_R C_R}, \frac{\lambda_w}{\lambda_o}, \frac{\lambda_{rr}}{\lambda_o}, \frac{\lambda_c}{\lambda_o},$$

$$J = \frac{p_c}{\sigma cos\theta}\sqrt{\frac{K}{\phi}}, \frac{K\Delta p}{VL_x\mu_w}, \frac{K(\rho_o - \rho_s)g}{V\mu_o}, \frac{K(\rho_w - \rho_s)g}{V\mu_w}, \frac{\alpha_o}{VL_x}, \frac{L_v}{C_r(T_j - T_r)}$$

式中　　L——储层尺度,m;

ϕ——孔隙度;

S_o——含油饱和度;

S_w——含水饱和度;

S_s——蒸汽饱和度;

K_{ro}——油相有效渗透率;

K_{rw}——水相有效渗透率;

K_{rs}——蒸汽有效渗透率;

ρ_o——原油密度,kg/m³;

ρ_w——地层水密度,kg/m³;

ρ_s——蒸汽密度,kg/m³;

ρ_R——岩石密度,kg/m³;

ρ_c——盖层密度,kg/m³;

μ_o——原油黏度,mPa·s;

μ_w——地层水黏度,mPa·s;

μ_s——蒸汽黏度,mPa·s;

C_o——原油比热容,kJ/kg;

C_R——岩石比热容,kJ/kg;

C_w——地层水比热容,kJ/kg;

C_c——盖层水比热容,kJ/kg;

λ_o——原油导热系数,kJ/(m·s·℃);

λ_w——水导热系数,kJ/(m·s·℃);

λ_R——岩石导热系数,kJ/(m·s·℃);

λ_c——盖层导热系数,kJ/(m·s·℃);

J——毛细管力 J 函数;

p_c——毛细管压力,Pa;

σ——界面张力,N/m;

K——绝对渗透率,D;

Δp——压差,Pa;

v——渗流速度,m/s;

g——重力常数,9.8m/s²;

α——热扩散系数,m²/s;

L_v——汽化潜热,kJ/kg;

T_j——注汽温度,℃;

T_r——原始油藏温度,℃。

2)Butler 的相似准则数

$$B_3 = \sqrt{\frac{KgH}{\alpha\phi\Delta S_o m v_s}}$$

$$t_D = \frac{t}{W}\sqrt{\frac{Kg\alpha}{\alpha\phi\Delta S_o m v_s H}}$$

(3-2)

式中　B_3——中,准则比例相似参数;

H——油藏厚度,m;

ΔS_o——可动油饱和度;

m——原油黏温曲线指数;

v_s——蒸汽温度下原油的运动黏度,m²/s;

t_D——无因次时间;

W——水平段长度,m。

2. 水平井相似准则

假设条件:(1)井筒内流体流动为稳态,混合液看作单相流体;(2)流体通过射孔或割缝从油藏向井筒内流动看作等效达西渗流过程;(3)流体和井筒之间的热量传递仅考虑油藏向井筒内的能量输运项;(4)忽略流体通过射孔向井筒内流动造成径向上的速度分布,认为流体从油藏流入井筒后径向速度立即为零;(5)不考虑水平井变径。

根据纳维—斯托克斯方程,不可压缩牛顿流体运动的基本方程在柱坐标系中表达式为

$$\frac{\partial v_r}{\partial t} + \frac{1}{r}\frac{\partial v_\varphi}{\partial_\varphi} + \frac{\partial v_z}{\partial z} + \frac{v_r}{r} = 0$$

(3-3)

式中　v_r——径向渗流速度,m/s;

v_φ——角向渗流速度,m/s;

v_z——纵向渗流速度，m/s；

r——任意半径，m；

φ——任意角度，弧度；

z——任意纵向位置，m。

$$\frac{\partial v_r}{\partial t} + v_r \frac{\partial v_r}{\partial r} + \frac{v_\varphi}{r} \frac{\partial v_r}{\partial \varphi} + v_z \frac{\partial v_z}{\partial z} - \frac{v_\varphi^2}{r} = \frac{1}{\rho} \frac{\partial p}{\partial r} + v \left(\nabla^2 v_r - \frac{v_r}{r^2} - \frac{2}{r} \frac{\partial v_\varphi}{\partial \varphi} \right) \tag{3-4}$$

$$\frac{\partial v_\varphi}{\partial t} + v_r \frac{\partial v_\varphi}{\partial r} + \frac{v_\varphi}{r} \frac{\partial v_\varphi}{\partial \varphi} + v_z \frac{\partial v_\varphi}{\partial z} + \frac{v_\varphi v_r}{r} = \frac{1}{\rho r} \frac{\partial p}{\partial \varphi} + v \left(\nabla^2 v_r - \frac{v_\varphi}{r^2} - \frac{2}{r^2} \frac{\partial v_r}{\partial \varphi} \right) \tag{3-5}$$

$$\frac{\partial v_z}{\partial t} + v_r \frac{\partial v_r}{\partial r} + \frac{v_\varphi}{r} \frac{\partial v_z}{\partial \varphi} + v_z \frac{\partial v_z}{\partial z} = -\frac{1}{\rho} \frac{\partial p}{\partial z} + v \nabla^2 v_z \tag{3-6}$$

结合水平井变质量流模型得到质量守恒方程为

$$\pi r_w^2 \frac{dv_z}{dz} + \alpha_w \cdot 2\pi r_w v_r = 0 \tag{3-7}$$

式中 r_w——水平井半径，m；

α_w——射孔百分数。

根据流体通过射孔从油藏向井筒内的径向流动方程（即达西定律），假定混合液流过射孔的等效渗透率为 KK_{rm}，则流体流经射孔的达西定律为

$$v_r = \frac{KK_{rm}}{\mu_m} \left[\frac{dp_m}{dr} + \rho_m g \frac{d}{dr}(r\sin\theta) \right] \tag{3-8}$$

式中 KK_{rm}——流体经过射孔的等效渗透率，D；

μ_m——流体黏度，mPa·s；

ρ_m——流体密度，kg/m³；

g——重力加速度，m/s²；

θ——流速和重力夹角，°。

将式(3-8)代入式(3-7)得

$$\frac{dv_z}{dz} + \frac{2\alpha_w KK_{rm}}{\mu_m r_w} \left[\frac{dp_m}{dr} + \rho_m g \frac{d}{dr}(r\sin\theta) \right] = 0 \tag{3-9}$$

水平井筒内流体轴向流动的轴向动量守恒方程为

$$\rho_m v \frac{dv}{dz} = -\frac{dp_p}{dz} + \mu_m \left[\frac{1}{r_w} \frac{d}{dr_w} \left(r_w \frac{dv}{dr_w} \right) + \frac{d^2 v}{dz^2} \right] \tag{3-10}$$

式中 p_p——井筒轴向压降，Pa。

考虑渗流的输运能量项和沿轴向上能量的变化，稳态条件下的能量守恒方程为

$$\frac{d}{dz} \left(\frac{v_z U}{J} \right) + \frac{2\alpha_w KK_{rm} r_w r U_m}{\mu_m r_w^2} \left[\frac{dp_m}{dr} + \rho_m g \frac{d}{dr}(r\sin\theta) \right] = 0 \tag{3-11}$$

式中 U——井筒内流体内能,J;

U_m——射孔处流体内能,J。

由式(3-8)、式(3-9)、式(3-10)采用特征参量法可得相似准则数群如下(下标 R 表示特征参量):

$$① \frac{2\alpha_\mathrm{wR}KK_\mathrm{rmR}\rho_\mathrm{mR}z_\mathrm{R}}{\mu_\mathrm{mR}r_\mathrm{wR}^2v_\mathrm{z,R}}, \quad ② \frac{r_\mathrm{wR}\rho_\mathrm{mR}g_\mathrm{R}\sin\theta_\mathrm{R}}{P_\mathrm{mR}}, \quad ③ \frac{p_\mathrm{pR}}{\rho_\mathrm{mR}v_\mathrm{z,R}^2},$$

$$④ \frac{\mu_\mathrm{mR}z_\mathrm{R}}{\rho_\mathrm{mR}v_\mathrm{z,R}r_\mathrm{wR}^2}, \quad ⑤ \frac{\mu_\mathrm{mR}}{\rho_\mathrm{mR}z_\mathrm{R}v_\mathrm{z,R}}, \quad ⑥ \frac{2\alpha_\mathrm{wR}KK_\mathrm{rmR}p_\mathrm{mR}z_\mathrm{r}U_\mathrm{mR}J}{\mu_\mathrm{mR}r_\mathrm{wR}^2v_\mathrm{z,R}U_\mathrm{r}}$$

数群解释:① 表示由于生产压差导致的渗流质量输运量和轴向速度变化比值;② 表示生产压差和重力对渗流量贡献的比值;③ 表示轴向压降和惯性压降比值;④ 表示边界层黏性作用导致的压降和惯性压降的比值;⑤ 表示轴向速度变化引起的黏性压降和惯性压降的比值;⑥ 表示生产压差导致渗流的能量输运量和内能变化的比值。其中,②涉及角度,舍去;轴向速度变化引起的黏性力相比于边界层黏性力可以忽略,舍去⑤;⑥与①相同,舍去。整合③和④,得到轴向压降和黏性压降的比值。经过筛选和整合得如下相似准则数:

$$\frac{2\alpha_\mathrm{wR}KK_\mathrm{rmR}p_\mathrm{mR}L_\mathrm{R}}{\mu_\mathrm{mR}r_\mathrm{wR}^2v_\mathrm{z,R}}, \quad \frac{r_\mathrm{wR}^2p_\mathrm{pR}}{\mu_\mathrm{mR}L_\mathrm{R}v_\mathrm{z,R}}$$

式中 L——油藏长度,m。

其中,$\dfrac{r_\mathrm{wR}^2p_\mathrm{pR}}{\mu_\mathrm{mR}L_\mathrm{R}v_\mathrm{z,R}}$表示轴向压降和黏性力比,记为井筒流动准则数;$\dfrac{2\alpha_\mathrm{wR}KK_\mathrm{rmR}p_\mathrm{mR}L_\mathrm{R}}{\mu_\mathrm{mR}r_\mathrm{wR}^2v_\mathrm{z,R}}$表示射孔渗流量和轴向速度变化比,记为局部阻力准则数。

3. 水平井井筒物理模型

根据水平井井筒内及附近的流体流动行为对水平井注气或产液过程建立水平井井筒内变质量流物理模型。水平井注气或产出液的不均匀性直接影响采收率。

水平井变质量流示意图如图 3-6 所示。

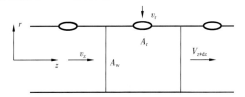

图 3-6 水平井变质量流模型

v_z—z 处轴向速度,m/s;$v_\mathrm{z+dz}$—z + dz 处轴向速度,m/s;

v_r—射孔处径向流速,m/s;A_w—井筒截面积,m^2;A_r—射孔截面积,m^2

对于注气井,蒸汽从井筒入口端流入,从侧壁的射孔或割缝处流出,蒸汽轴向质量流量沿井筒不断减小。对于生产井,产出液从侧壁的射孔或者割缝处流入,从井筒出口端面流出,产出液轴向质量流量沿井筒不断增大。

注气井动力学示意图如图 3-7 所示。

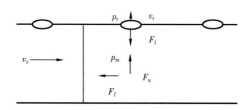

图3-7 注汽井注蒸汽动力学示意图

F_l—射孔局部阻力,N;F_u—升浮力,N;F_f—黏性力,

N;p_m—井筒内流体压力,Pa;p_r—油藏压力,Pa

F_u和$p_m - p_r$为射孔处蒸汽流的驱动力,射孔局部阻力为F_l。蒸汽沿水平井井筒轴向流动时,F_u基本不变,均匀射孔条件下,F_l沿轴向均匀分布,则水平井轴向上的出汽不均匀性由$p_m - p_r$决定。当油藏压力p_r均匀一致,注汽不均匀性仅由p_m沿轴向上的不均匀性决定,而井筒内轴向上的压力分布由蒸汽在井筒内及附近的流体力学决定。水平井井筒内轴向上压降是反映水平井出汽均匀性的决定参量。对于生产井,重力代替了浮升力,重力和浮升力本质相同。轴向上不同射孔处产出液出流的不均匀性同样由井筒轴向压降造成。

综上所述,注汽或产液不均匀性均由轴向压降决定。水平井尺寸根据井筒内轴向压降相同来模化。对高压模型,模化依据为水平井轴向上总压降相同,即水平井轴向单位长度压降原型值和模型值之比为比例因子。

4. 水平井模化

关联水平井半径和水平井轴向压降的准则数为$\dfrac{r_{wR}^2 p_{pR}}{\mu_{mR} L_R v_{z,R}}$,根据此准则数来模化水平井半径。在保证水平井轴向上总压降相同的情况下,通过调整水平井半径和其他参变量使准则数的原型和模型数值相同。

1)水平井半径模化

井筒流动准则数用来模化水平井半径。水平井轴向压降相同,调整水平井半径和其他参变量使准则数的原型和模型相同。

轴向流速和轴向流量的关系为

$$v_z = q_z / A_w \qquad (3-12)$$

式中 q_z——处流体流量,m^3/s。

根据PB准则,高压模型注汽量关系式为

$$\frac{q_{in,M}}{q_{in,F}} = \frac{L_M}{L_F} = \frac{1}{R} \qquad (3-13)$$

式中 q_{in}——油藏注汽量,m^3/s;

R——比例因子;

M——模型值;

F——油田原型值。

通过注汽量或产液量可使油藏和水平井耦合起来。联立式(3-12)、式(3-13),可以确定注汽井入口流量比值,而准则数 $\dfrac{r_w^2 \rho_p}{\mu_m L v_z}$ 中的 v_z 代表任意位置处轴向流速,该准则数在任意位置 z 处均适用。简化式(3-12),可得轴向流速分布式:

$$\frac{dv_z}{dz} = -\frac{2\alpha_w v_r}{r_w} \tag{3-14}$$

将式(3-14)两侧从入口到 z 积分,得

$$v_z - v_{in} = \int_0^z -\frac{2\alpha_w v_{r,z}}{r_w} \tag{3-15}$$

式中 v_{in} ——井筒入口轴向流速,m/s;

   $v_{r,z}$ ——井筒处射孔径向流速,m/s。

均匀射孔不变径条件下,式(3-15)变为

$$v_z = v_{in} - \frac{2\alpha_w}{r_w} \int_0^z v_{r,z} dz \tag{3-16}$$

轴向上任意 z 处井筒流动准则数记为

$$\frac{r_{w,z}^2 p_{p,z}}{L_z \mu_{m,z} v_z}$$

式中 $r_{w,z}$ ——z 处水平井半径,m;

   $p_{p,z}$ ——入口到位置 z 处压降,Pa;

   L_z ——入口到位置 z 距离,m;

   $\mu_{m,z}$ ——z 处流体黏度,mPa·s。

入口井筒流动准则数记为

$$\frac{r_{w,in}^2 p_p}{L \mu_{m,in} v_{in}}$$

式中 $r_{w,in}$ ——井筒入口半径,m;

   $\mu_{m,in}$ ——入口处流体黏度,mPa·s。

轴向压降相同,结合式(3-12)与式(3-13),水平井入口半径比例为

$$\frac{r_{w,in,F}^4}{r_{m,in,M}^4} = \frac{L_F}{L_M} \frac{q_{in,F}}{q_{in,M}} \tag{3-17}$$

井筒准则数模化 z 处半径为

$$\left(\frac{r_{w,z,F}}{r_{w,z,M}}\right)^4 = \frac{L_{z,F}}{L_{z,M}} \frac{q_{z,F}}{q_{z,M}} \tag{3-18}$$

水平井不变径,结合式(3-13)与式(3-14)有

$$\frac{q_{z,\mathrm{M}}}{q_{z,\mathrm{F}}} = \frac{q_{\mathrm{in,M}}}{q_{\mathrm{in,F}}} \qquad (3-19)$$

2）射孔参数模化

用局部阻力准则数 $\dfrac{2\alpha_{\mathrm{w}}KK_{\mathrm{rm}}p_{\mathrm{m}}L}{\mu_{\mathrm{m}}r_{\mathrm{w}}^2 v_z}$ 模化射孔参数。射孔百分数比例如下：

$$\frac{\alpha_{\mathrm{w,M}}}{\alpha_{\mathrm{w,F}}} = \frac{q_{\mathrm{in,M}}}{q_{\mathrm{in,F}}} \frac{L_{\mathrm{F}}}{L_{\mathrm{M}}} \frac{KK_{\mathrm{rm,F}}}{KK_{\mathrm{rm,M}}} \qquad (3-20)$$

等效渗透率和孔径关系（吴奇等，2002）为

$$\frac{KK_{\mathrm{rm,F}}}{KK_{\mathrm{rm,M}}} \sim \frac{r_{\mathrm{p,F}}^2}{r_{\mathrm{p,M}}^2} \qquad (3-21)$$

式中　r_{p}——射孔半径。

将式（3-21）代入式（3-20），并采用入口处参数得

$$\frac{\alpha_{\mathrm{w,in,M}}}{\alpha_{\mathrm{w,in,F}}} = \frac{q_{\mathrm{in,M}}}{q_{\mathrm{in,F}}} \frac{L_{\mathrm{F}}}{L_{\mathrm{M}}} \frac{r_{\mathrm{p,in,F}}^2}{r_{\mathrm{p,in,M}}^2} \qquad (3-22)$$

式中　$\alpha_{\mathrm{w,in}}$——井筒入口端附近射孔百分数；

　　　$r_{\mathrm{p,in}}$——井筒入口附近射孔孔径，m。

射孔百分数定义为

$$\alpha = \frac{n\,\pi\,r_{\mathrm{p}}^2}{2\,\pi\,r_{\mathrm{w}}} \qquad (3-23)$$

式中　n——单位长度射孔数，条/m。

结合式（3-22）与式（3-23）得

$$\frac{n_{\mathrm{M}}}{n_{\mathrm{F}}} = \frac{r_{\mathrm{p,in,F}}^4}{r_{\mathrm{p,in,M}}^4} \frac{r_{\mathrm{w,in,M}}}{r_{\mathrm{w,in,F}}} \frac{q_{\mathrm{in,M}}}{q_{\mathrm{in,F}}} \frac{L_{\mathrm{F}}}{L_{\mathrm{M}}} \qquad (3-24)$$

式（3-24）可模化井筒入口射孔参数。局部阻力准则数转换为准则数 $\dfrac{nr_{\mathrm{p}}^4 L}{r_{\mathrm{w}}q_{\mathrm{in}}}$。

局部流动准则数对任意 z 处均应满足。因此，z 处射孔百分数关系式为

$$\frac{\alpha_{\mathrm{w,z,M}}}{\alpha_{\mathrm{w,z,F}}} = \frac{q_{z,\mathrm{M}}}{q_{z,\mathrm{F}}} \frac{L_{z,\mathrm{F}}}{L_{z,\mathrm{M}}} \frac{KK_{\mathrm{rm,z,F}}}{KK_{\mathrm{rm,z,M}}} \qquad (3-25)$$

式中　$\alpha_{\mathrm{w,z}}$——z 处射孔百分数；

　　　$KK_{\mathrm{rm,z}}$——z 处射孔的有效渗透率，D。

再根据 z 处射孔达西定律，得到准则数 $\dfrac{2\alpha_{\mathrm{w,z}}KK_{\mathrm{rm,z}}p_{\mathrm{m,z}}}{r_{\mathrm{w,z}}^2 v_{\mathrm{in}}}L_z$，均匀射孔，水平井不变径时，上述准则数与入口准则数相同，说明按入口准则数设计射孔参数合理。基于以上推导，可得出水平井耦合高压油藏准则数体系（表3-5）。

表 3－5　水平井耦合高压油藏准则数体系

体系量	长度 $L(m)$	渗透率 $K(D)$	注入率 $q/(m^3/s)$	注采压差 $\Delta p(Pa)$	时间 $t(s)$	水平井半径 $r_w(m)$	孔径 $r_p(m)$	单位长度射孔数 n（条/m）
准测数	无	$\dfrac{k\Delta\rho g}{\nu\mu g}$	$\dfrac{\alpha_0}{\nu L}$	$\dfrac{k\Delta p}{\nu L_x\mu_w}$	$\dfrac{vt}{L}$	$\dfrac{r_w^2 p_p}{L\mu v}$	$\dfrac{nr_p^4 L}{r_w q_{in}}$	$\dfrac{nr_p^4 L}{r_w q_{in}}$
物理意义	几何尺寸	重力和黏性力比	导热和对流比	驱动力和黏性力比	流动尺度和空间尺度比	轴向压降和黏性力比	射孔参数	射孔流量和轴向流量比
比例关系	R（选定）	$\dfrac{K_M}{K_F}=\dfrac{1}{R}$	$\dfrac{q_M}{q_F}=$ $\dfrac{(vA)}{(vA)}=$ $\dfrac{L_M}{L_F}=R$	$\dfrac{\Delta p_M}{\Delta p_F}=$ $\dfrac{v_M L_M}{v_F L_F k}=$ $\dfrac{L_M}{L_F}=R$	$\dfrac{t_M}{t_F}=$ $\dfrac{v_F L_M}{v_M L_F}=$ $\left(\dfrac{L_M}{L_F}\right)^2=R$	$\dfrac{r_{w,M}}{r_{w,F}}=$ $\sqrt[4]{\dfrac{L_M q_{in}}{L_F q_{in}}}$ $\sqrt{R}$	依据加工工艺及材料定，比例取值为 x	$\dfrac{n_M}{n_F}$ $\dfrac{r_{p,F}^4 r_{w,M}}{r_{p,M}^4 r_{w,F}}\times$ $\dfrac{q_{in,F}L_M}{q_{in,F}L_M}$ $\left(\dfrac{1}{x}\right)^4\sqrt{R}$
比值（模型/原型）	1/200	200	1/200	1/200	1/40000	$1/\sqrt{200}$	0.58	$1/\sqrt{200}\left(\dfrac{1}{x}\right)^4$

5. 物理模型设计

以风城超稠油双水平井 SAGD 油层为原型，进行了高温高压双水平井 SAGD 室内比例物理试验。油藏采用 PB－Butler 准则设计，水平井采用本文中提出的相似准则设计。物理模型的原型参数、模型设计值、实际值见表 3－6。

表 3－6　模型特征参数的模化（比例因子200）

参数	原型	模型	比例（模型/原型）
油藏厚度	32m	16cm	1/200
油藏宽度	100m	50cm	1/200
水平井长	100m	50cm	1/200
注采井距	7.5m	36cm	1/200
生产井至油藏底部距离	2m	10mm	1/200
孔隙度	0.32	0.35	
渗透率（D）	1.8	360	200
初始含油饱和度	0.75	0.88	
油砂热导率（W/m/K）	1.04	0.94	
油砂体积热容（J/m/K）	1.54×10^6	1.22×10^6	
井筒半径（mm）	177.8	12	0.067
射孔孔眼半径（mm）	3	1.75	0.580
孔眼密度（孔/m）	400	250	0.625

将实验操作参数依据相似准则进行模化,结果见表3-7。

表3-7 实验操作参数的模化(比例因子200)

参数	原型	模型	比例
操作压力(MPa)	2.2	2.2	1
注气速率(mL/min)	58	200	≈3.4
注汽温度(℃)	217	217	1
蒸汽干度	>0.95	>0.95	
注采时间	1a	13.14min	1/40000
注采压差	0.2MPa	1kPa	1/200
采注比	1.3~1.4	>1.4	

二、均质储层SAGD三维宏观比例物模实验

1. 物理模型

依据相似准则设计和建立了高温高压双水平井双管SAGD三维比例物理模型(图3-8),内尺寸为500mm×500mm×160mm(长×宽×高)。模型采用厚2mm的不锈钢焊接而成,实验过程中模型壁可与岩石、流体同步收缩膨胀。模型内共安装432根热电偶,以描述蒸汽腔的发育情况。热电偶分5层,各层至模型顶部距离分别为24mm、54mm、84mm、114m和144mm,每层共81(9×9)根热电偶,注采井间设置热电偶监测井间热连通状态。模型和高压舱内设置23个压力测点监测实验过程中的压力和注采压差变化。

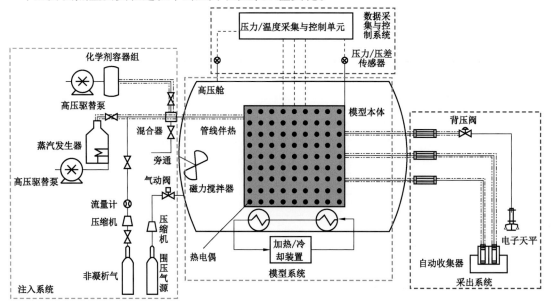

图3-8 高温高压三维物理模拟装置示意图

物理模型及双管柱水平井结构如图3-9所示。注采井外部为φ12mm的割缝不锈钢钢管,模拟注采井的筛管,内部为φ5mm的长短油管,注汽井长管I2和生产井长管P2下入趾

端,注汽井短管Ⅰ1和生产井短管P1下入跟端。各个注汽/生产油管可实现独立注采。

实验使用现场原油,50℃温度条件下黏度为3.2×10⁴mPa·s。模型用两种不同粒径的玻璃微珠混合均匀后装填,其中0.59~0.85mm(30~20目)微珠占10%,0.85~1.00mm(20~18目)微珠占90%。

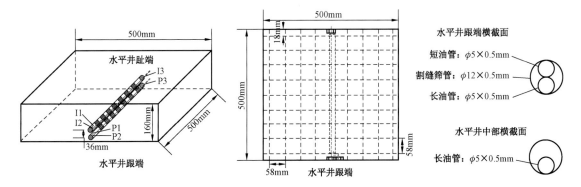

图3-9　物理模型及双管柱水平井结构示意图

2. 实验程序

实验步骤主要包括模型装填、抽真空、饱和水、饱和原油和SAGD过程。

在模型内安装热电偶、压力测点和模型井。将耐高温胶混合玻璃珠涂抹到模型内壁上,防止SAGD过程中蒸汽沿壁面窜流。用按配比混合好的玻璃微珠装填模型,饱和水并加压检漏。模型保温处理后放置在高压舱内。首先抽真空,然后饱和水,再将原油加热至80℃后注入模型内驱替水,并将模型加压至实验压力。之后将模型冷却至20℃。

采用双水平井循环注汽预热方式启动SAGD:注采井长管Ⅰ2和P2连续注汽,注采井短管Ⅰ1和P1连续采出,注汽速率为80mL/min,注汽干度约为100%,注汽压力为2.2MPa,预热时间持续约15min。待两井间温度均达120℃后,转入SAGD生产模式,注汽速率提升至200mL/min。使用背压阀控制生产压力,用经标定的样品瓶分别收集各油管的采出液。采用数据采集与控制系统记录温度、压力及注入和采出数据并控制实验操作。具体实验操作参照石油天然气行业标准《注蒸汽采油高温高压三维比例物理模拟实验技术要求》(SY/T 6311—2012)。

3. 结果分析

根据蒸汽腔发育特征,结合产油量、含水率等实验数据,SAGD开发阶段可分为4个阶段:循环预热阶段、蒸汽腔上升阶段、蒸汽腔扩展阶段和蒸汽腔下降阶段。每个阶段的生产规律如下。

1)双水平井SAGD蒸汽腔发育特征

(1)循环预热阶段。

通过注采井循环预热,注采井间建立热连通,原油黏度达到流动温度,如图3-10(a)所示。循环结束后水平井井间连通温度达100℃。

(2)汽腔上升阶段。

当上水平井开始注汽、下水平井开始生产时,蒸汽在超覆作用下向油藏上方发展,且纵向上升速度明显高于横向扩展速度,如图3-10(b)所示。

（3）汽腔扩展阶段。

当蒸汽腔达到油藏顶部，蒸汽腔开始横向扩展，形成一个上宽下窄的倒三角形蒸汽腔，如图3-10（c）所示。蒸汽腔通过热传导作用将周围油藏加热，原油黏度迅速降低。蒸汽区周围油层中的原油由于重力作用而沿汽腔与原油交界面向下流动进入水平生产井，与界面处蒸汽凝结水一起从油藏被采出。

（4）汽腔下降阶段。

当蒸汽腔横向扩展至油层顶部两侧边界时，随着蒸汽的继续注入，蒸汽腔开始缓慢向下发展，如图3-10（d）所示。最后下水平生产井上方基本都被蒸汽腔充满，水平生产井有蒸汽突破，产油量急剧下降，含水率高达98%以上，SAGD过程结束。

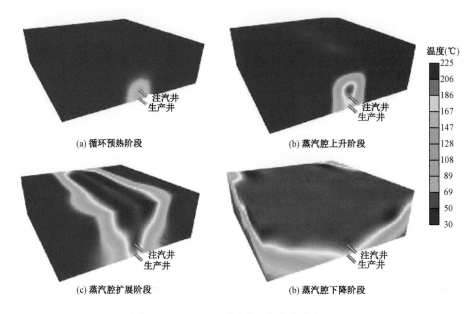

图3-10　SAGD不同阶段蒸汽腔发育特征

2）生产阶段划分

根据生产特征曲线可将不同阶段的生产规律总结如下（图3-11）。

（1）预热阶段。

预热阶段是双水平井组合SAGD的一个准备过程，实验中通过双水平井注蒸汽循环达到热连通目的。循环结束后水平井井间连通温度达100℃、压力为3MPa。

（2）汽腔上升阶段。

汽腔上升阶段蒸汽在超覆作用下向油藏上方发展，直至汽腔超覆到油层顶界。随着蒸汽腔体积持续扩展，泄油界面稳步增大，产油速度从生产初期的3.8mL/min持续上升到5mL/min。

（3）汽腔扩展阶段。

当蒸汽超覆到油层顶界后，开始横向扩展，泄油界面一直扩展到油藏边部，在此过程中，蒸汽腔的泄油界面面积稳中有增，因此产油速度持续维持在一个较高水平，该实验的产油速度为5mL/min以上，国外将该阶段俗称为SAGD的产量平台期。

(4)汽腔下降阶段。

当蒸汽腔从油层顶部两侧边界开始下降时,进入汽腔下降阶段,泄油界面面积逐渐减少,且由于汽腔向下过程中,与下部生产井井底越来越近,因此汽窜频繁,产油速度受到泄油界面面积减少和汽窜双重影响而从5mL/min快速下降。最终泄油界面到达注采井间,产油速度达到经济极限值1mL/min而停止。

SAGD整个阶段的采出程度为73.1%,油汽比为0.34。

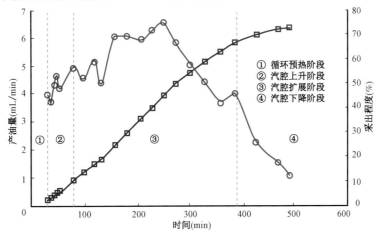

图3-11 双水平井组合SAGD产油量、含水率曲线

三、非均质储层SAGD三维宏观比例物模实验

1. 实验方案

针对风城SAGD现场某区块水平井趾端区域热连通较差,汽腔沿水平井井长方向欠均匀发育的情况,共进行了3组改善SAGD蒸汽腔发育均匀性的三维宏观比例物理模拟实验。每组实验前均进行相同方式的循环预热(图3-12)。3组实验的操作方案如下:

实验1:模拟现场趾端处汽腔发育迟缓,汽腔沿井长管欠均匀发育的现象。注汽井短管

图3-12 循环预热温度场

I1连续注汽,生产井短管P1连续生产,实验持续46min(现场3.5年)。

实验2:在实验1基础上采取调整策略之一。先重复实验1的注采方式模拟欠均匀的温度场,持续57.2min(现场4.35年)。然后进入调整阶段,注汽井短管I1保持连续注汽,生产井短管P1保持连续生产,视汽腔发育和产油速率变化开启注汽井长管I2注汽,以及生产井长管P2生产,采用注汽井长短管协同注汽和生产井长短管协同采油的操作方式来调整汽腔均匀性。总注汽速率保持为200mL/min,实验共持续79.2min(现场6.02年)。

实验3:在实验1基础上采取调整策略之二。先重复实验1的注采方式模拟欠均匀的温度场,持续44min(现场3.35年)。然后进入调整阶段,注汽井短管I1保持连续注入,生产井短管P1关闭,流体从生产井趾端长油管P2连续采出,改善汽腔在趾端欠发育的状况,实验共

持续96.8min(现场7.4年)。

实验过程中各油管的开关状态见表3-8。

表3-8 实验中各油管的开关状态

实验		I1注汽	I2注汽	P1产液	P2产液
实验1		开	关	开	关
实验2	初始阶段	开	关	开	关
	调整阶段	开	开	开	开
实验3	初始阶段	开	关	开	关
	调整阶段	开	关	关	开

2. 实验结果及分析

1)实验一

蒸汽腔的发育状况可以通过模型截面的温度场反映。选取3个典型截面分析模型温度场:水平井所在纵截面、跟端附近横截面及趾端附近横截面。图3-13给出了实验一不同时刻典型截面的温度场。由图3-13可见,不同时刻蒸汽腔沿水平井长方向发育欠均匀,趾端附近蒸汽腔发育缓慢。从跟端到趾端,蒸汽腔呈斜坡状下降,这与Ong等(1990)和Nasr等(1998)的研究结论相符。另外从温度场也可观察到实验持续39.4min后,跟端的蒸汽腔开始横向发育。

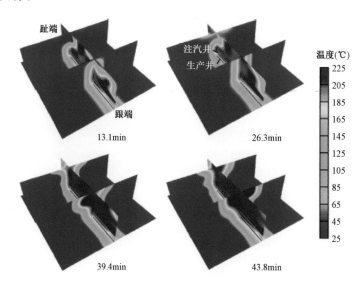

图3-13 实验一温度场

2)实验二

实验二前57.2min采用与实验1相同的操作模式,得到与实验1相同的欠均匀的蒸汽腔。从第57.2min开始,进行第1种调控策略实验,如图3-14(a)所示。由图3-14(b)可见,调整前产油速率已经快速下降,由于加强了从生产井长油管P2的产出,调整后的产油速率明显上升。调整前,由于采用Ⅰ1注汽P1采油,跟端注采井间压差较大,生产驱动力也大,而趾端注采压差较小,生产驱动力较弱,导致水平井跟端附近汽腔发育较快而趾端附近蒸汽腔发育缓慢。调整措施加强了趾端的注汽和采油,趾端生产驱动力增大,因而水平井趾端蒸汽腔发育逐渐恢复。由于Ⅰ2的注汽位置和P2的采油位置靠近趾端,因此增加的产量主要来自趾端原油的泄流,由图3-14(c)可见,趾端的蒸汽腔发育逐渐增强。说明这种调整策略下,蒸汽腔沿井长方向发育趋于均匀。因此,采用注汽井长管、短管协同注汽和生产井长管、短管协同采油的操作方式对于调控汽腔均匀发育有效。

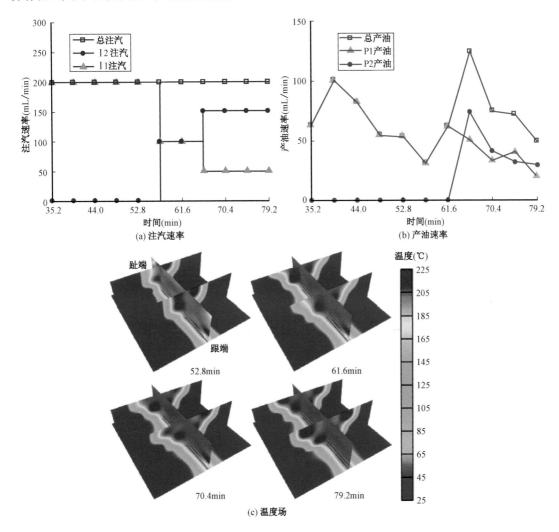

图3-14　实验二的注采策略和调整后的典型温度场

3) 实验三

实验三的前44min同样采用了与实验一相同的注采模式,得到了与实验一类似的欠均匀蒸汽腔。随后,进行SAGD操作模式调整,关闭P1,打开P2生产。注采策略如图3-15(a)和图3-15(b)所示。图3-15(c)给出了调整后不同时刻典型油藏截面的温度场。与实验二相同,由于调整前跟端注采压差大于趾端,导致水平井趾端附近蒸汽腔发育缓慢。调整后,由于注采压差沿井长方向趋于均匀,因而趾端蒸汽腔恢复发育,水平井两端蒸汽腔发育逐渐同步。由图3-15(b)可见,调整后,产油速率稳步增长,调整效果明显。由此可见,采用该SAGD操作模式对于调控汽腔有效。

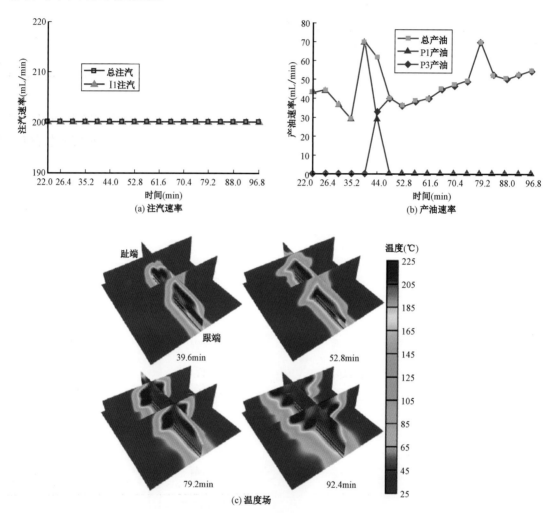

图3-15　实验三的注采策略和调整后的典型温度场

第四章　SAGD 蒸汽腔形态描述方法及扩展规律

第一节　SAGD 蒸汽腔形态的四维微地震监测技术

一、微地震定义和形成原理

微地震是地下岩石的破裂形成的,往往同时形成纵波(P 波)和横波(S 波),通过透射传播,被地面仪器所接收,其路径为单程。在地面(或井中)一般同时能接收到 P、S、PP、SP、LOVE、RAYLEIGH 等丰富波种,它们的相位、振幅、频谱、到续时等涵盖了微地震生成点,以及传播路径地质体的几何空间、地质物性等信息,为我们从另一个角度认识地下储层提供了可能。一般微地震分布、走向与天然裂隙、节理、岩性息息相关,也与区域或地质历史上的压力、温度、应力场等有关。通常定义震级 $M \leqslant 2$ 的地震为微地震。微地震监测技术(microseismic monitoring technique,简称 MS)基于声发射学和地震学,它的基本原理是:当地下岩石由于人为因素或自然因素发生破坏时,产生微地震和声波,通过在破裂区周围的空间内布置多组检波器并实时采集微地震数据,经过数据处理后,采用震动定位原理,可确定破裂发生的位置,并在三维空间上显示出来。

二、微地震监测原理和方法

1. 监测原理

1)摩尔—库伦理论

根据摩尔—库伦准则,孔隙压力升高,必会产生微地震,记录这些微地震,并进行微震源定位就可以描述地下渗流场。摩尔—库伦准则如式(4−1)所示,表示若左侧不小于右侧时则发生微地震,即

$$\tau \geqslant \tau_0 + \frac{\mu(S_1 - S_2 - 2p_0)}{2} + \frac{\mu(S_1 - S_2)\cos(2\varphi)}{2} \qquad (4-1)$$

其中,$\tau = \tau_0 \dfrac{\mu(S_1 - S_2)\sin(2\varphi)}{2}$。

式中　τ——作用在裂缝面上的剪切应力;

τ_0——岩石的固有法向应力抗剪断强度,数值在几兆帕到几十兆帕范围内,若沿已有裂缝面错断,τ_0 数值为 0;

S_1、S_2——分别是最大、最小主应力,Pa;

p_0——地层压力,Pa;

φ——最大主应力与裂缝面法向的夹角。

2)破裂力学准则

破裂力学理论认为,当应力强度因子大于破裂韧性时,裂缝发生扩展,即当公式(4−2)成

立时,裂缝发生张性扩展。

$$\frac{(p_0 - S_n)Y}{\sqrt{L\pi}} \int_0^L \frac{L+x}{L-x} dx \geq k_{ic} \tag{4-2}$$

式(4-2)中,左侧是应力强度因子。

式中　k_{ic}——破裂韧性;

　　　p_0——井底注汽压力,Pa;

　　　S_n——裂缝面上的法向应力,Pa;

　　　Y——裂缝形状因子;

　　　L——破缝长度,m;

　　　x——自裂缝端点沿裂缝面走向的坐标。

由以上破裂形成理论可知,注汽会诱发微地震,这就为微地震方法监测蒸汽腔提供了理论依据。

3)微地震波的识别

微地震信号识别技术是本技术成败的关键,识别不出可用的信号,微地震监测就是一句空话。只有微地震信号大于折算到仪器前端的仪器噪声,信号才是可以检测的。由于低噪声运算器件的广泛使用及对仪器电路结构的独到改进,目前,折算到仪器前端的仪器噪声可以低于$2\mu V$。所以,微地震信号是可以被检测到的,由计算机进行运算,提取出注汽时微震的普遍信号特征,从而对蒸汽的运移及蒸汽腔的发育进行监测。

4)微地震信号强度

拾震器能否记录到微地震信号的关键在于只有微地震信号大于仪器前端分辨率时,微地震拾震器才可以把微地震信号检测出来。经过多年在国内多个油田中的实际应用,地面接收所获得的电压值一般在$5.8\mu V$以上,只要到达仪器输入端的电信号大于$1\mu V$,信号就可以被检测到。

5)微震波震源定位理论

震源定位过程采用矩阵分析理论,来判别微地震震源坐标。

$$\sqrt{(T_1 - T_0)^2 v_P^2 - (X_1 - X_0)^2 - (Y_1 - Y_0)^2} - H$$

$$\sqrt{(T_2 - T_0)^2 v_P^2 - (X_2 - X_0)^2 - (Y_2 - Y_0)^2} - H$$

$$\sqrt{(T_3 - T_0)^2 v_P^2 - (X_3 - X_0)^2 - (Y_3 - Y_0)^2} - H$$

$$\sqrt{(T_4 - T_0)^2 v_P^2 - (X_4 - X_0)^2 - (Y_4 - Y_0)^2} - H$$

$$\sqrt{(T_5 - T_0)^2 v_P^2 - (X_5 - X_0)^2 - (Y_5 - Y_0)^2} - H$$

$$\sqrt{(T_6 - T_0)^2 v_P^2 - (X_6 - X_0)^2 - (Y_6 - Y_0)^2} - H$$

式中　$T_1 \sim T_6$——各分站的P波到时差,s;

　　　T_0——发震时刻,s;

(X_0, Y_0, Z_0)——微震震源的空间坐标；

$(X_1, Y_1, 0) \dots (X_6, Y_6, 0)$——分站坐标；

v_P——P波波速，m/s；

T_0, X_0, Y_0, Z_0——待求的未知数。

6）波速场分布与地下渗流场分布的关系

在一个较小区域里，波速主要受传输介质的围压和传输介质本身的影响，在小范围内介质对波速的影响可认为仅受到孔隙中流体物性的影响（图4-1）。

从汽井到油井地层压力是逐渐下降的，注入介质则是从汽相到汽液混合相再到液相的变化过程，故储层中从注汽井向外波速是逐渐减小的（吴淑红等，2004）。另一方面，从注汽井到油井随着孔隙中介质的变化，流体密度则是逐渐升高的；同时，波速的变化在汽液混合区存在一个比较明显的拐点，即是注入蒸汽的前缘（陈德民等，2007）。

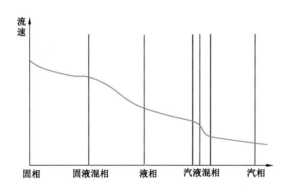

图4-1 v_P 与孔隙介质关系曲线

2. 监测方法

（1）首先通过探区地面均匀设置又相对独立的采集站群，接受探区地下微震信号（一般数据达几百GB）。

（2）其次通过有效信号的拾取，结合已知地球物理信息（如测井、常规勘探等），反复迭代反演，求取高精度探区速度模型。

（3）利用弹性波场在地层介质中的传播特性，应用射线追踪、叠前偏移、高覆盖次数叠加、层析成像等技术，完成目的层三维成像工作。

（4）充分利用采集信号的纵波、横波特性，依据微地震成像，对震动量级、波形特性、极化方向、纵横波关系、频率特性等进行综合解释，从而达到最终设计目标与施工目的。

三、微地震室内处理解释

为进一步摸清SAGD蒸汽腔在三维空间上的分布特征，分别于2014年和2015年在SAGD先导试验区开展了两次四维微地震监测。

1. 资料收集

为满足研究需要，在完成资料现场采集工作后，及时搜集工区的一些必要资料，主要包括工区位置图、水平井组轨迹数据、测井声波时差数据、工区内的观察井井口坐标等。

2. 室内资料处理

1）原始数据整理

在完成资料采集后,开展数据整理工作,主要包括数据的读取和资料的格式转换工作,从而获得 Z32 井区 17 个站和 Z37 井区 20 个站的有效数据,资料采集完好率达到了 90% 以上。

2）基本速度模型建立

（1）Z32 试验区。

利用所收集的井资料,建立基本速度模型,模型精度逐步提高。模型精度首先由 50m×50m×50m 迭代提高到 20m×20m×20m,最终达到了 5m×5m×5m,效果逐步变好（图 4-2）。从速度模型看,在 10m×10m×10m 模型中有 3 个明显的速度异常,证明具有速度差异,为扫描成像提供了保证。

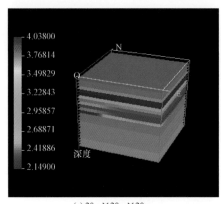
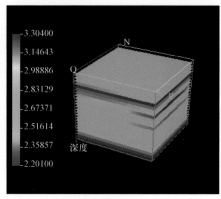

(a) 20m×20m×20m   (b) 5m×5m×5m

图 4-2 Z32 井区纵波速度模型

通过已获得的速度模型,对采集的监测数据进行全时段叠加扫描成像（图 4-3）发现,该区形成了明显的上下两个异常带。

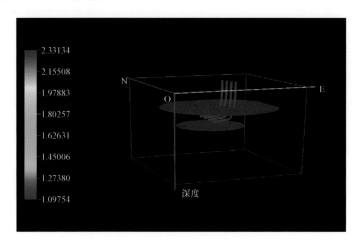

图 4-3 Z32 井区扫描成像图

图中红色为钻井实测井轨迹数据在三维模型中的显示

（2）Z37试验区。

该区模型精度也是由50m×50m×50m迭代提高到20m×20m×20m，最终达到了5m×5m×5m，效果逐步变好。通过已获得的速度模型，对采集的监测数据进行全时段叠加扫描成像（图4-4）发现，该区没有明显的异常带。

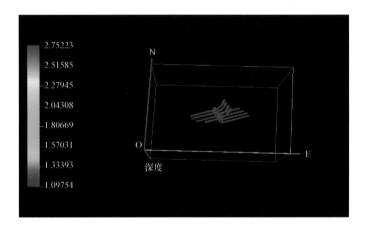

图4-4 Z37井区扫描成像图

图中红色为钻井实测井轨迹数据在三维模型中的显示

3）微地震资料预处理

（1）叠加扫描。

为检测一个目标区内破裂辐射能量的分布，取特定时间窗口w，经射线追踪确定走时并适当移动每一信号纪录时间，叠加台网所有台站记录的信号振幅（或振幅的平方）f：此处的k是被扫描的目标体积中第k个点；对所有的台站记录中于窗口w内的f求和，并适当使用归一化因子，即得于k点的破裂辐射能量$S(k)$。

扫描目标体积中所有的数值点，即获得一段时间内破裂辐射能量的分布（金济山，1993；张春等，2011；张春会等，2011）。破裂传播到一个台站的较大振幅（主要能量）集中在一个时间段内。如果地震波速度分布已知，只要正确的移动（即射线追踪）各台站的记录并叠加其振幅，破裂点$S(k)$将会有较大的值。全记录时段以小时为单位也同样遵循100m→50m→20m→10m逐渐递进，速度模型的建立与迭代更新和叠加扫描是个反复的过程，确定最终速度模型。选取压裂当天8时至晚23时为记录时间段，以2min为单位，进行精度为10m的偏移叠加扫描。

（2）叠加扫描成果处理。

综合利用功能模块进行成果的滤波、平滑、属性分析、纵（横）波分析、极性分析、能量梯度分析等手段，最终确定压裂裂隙空间分部数据体积为东西1400m、南北800m、深度3100～3250m偏移叠加。扫描成果所具有的特点包括：总体看野外采集环境恶劣、施工期间原始数据信噪比较低；18时以后原始数据信噪比大幅提高。台站间相对能量差异较大；环境噪声强烈，包括车辆、人员、牛、羊等大量干扰。综合利用滤波、人工交互编辑、剔除、能量均衡等技术手段，从而获得可信的预叠数据（图4-5至图4-8）。

4）微地震资料预处理成果

如图4-9和图4-10所示，精度为5m的偏移叠加扫描成果坐标原点体积为2200m×

1500m×150m。全时段扫描图集显示了微地震的波动特点,波动时间有长有短,强度有强有弱。

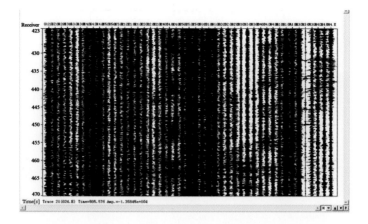

图4-5　100823-130000-140000segy 预处理原始记录剖面

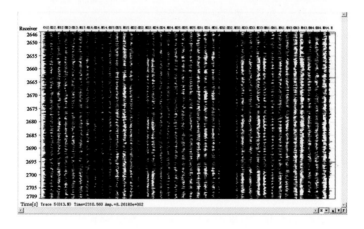

图4-6　100820-020000-030000segy 预处理原始记录剖面

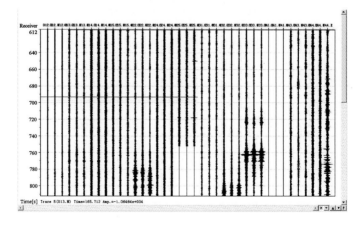

图4-7　100820-020000-030000segy 精细滤波预处理记录剖面

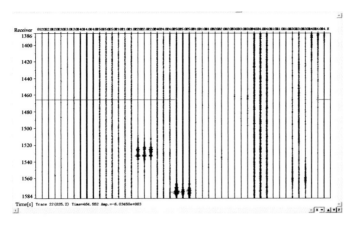

图 4 - 8 100823 - 130000 - 140000segy 精细滤波预处理记录剖面

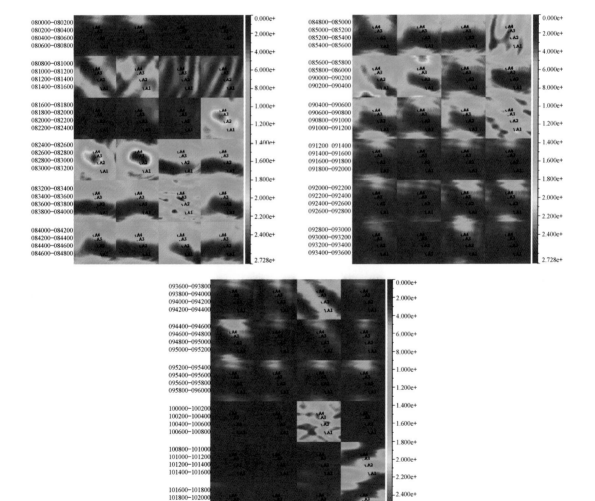

图 4 - 9 Z32 区块 2min 一次的全时段扫描图集

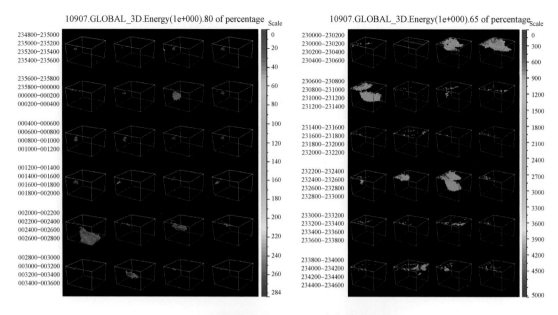

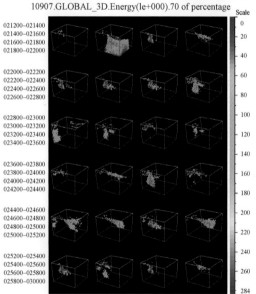

图4-10　Z37区块2min一次的全时段扫描图集

各时段合成微震能量的水平切片如图4-11、图4-12所示。

四、监测成果及解释

Z32井区采用的固定式连续温度监测系统,Z37井区采用的是移动式温度监测系统。以FHW103井组为例,根据不同时期观察井温度剖面资料(图4-13),分析蒸汽腔的发育形态,可以看出:

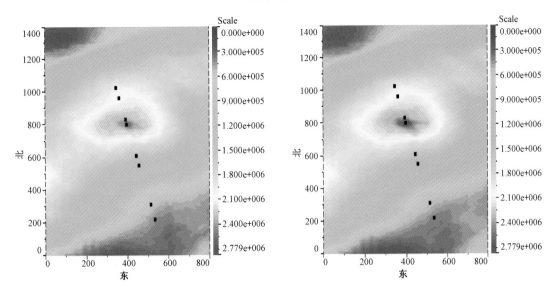

图 4-11 Z32 区块 195~208m 水平切片　　　　图 4-12 Z32 区块 210~218m 水平切片

(1)水平段中部蒸汽腔发育较好,蒸汽腔在 2011 年开始扩展,截至 2014 年 10 月,蒸汽腔热场垂直水平段方向扩展距离为 75.8m 左右,在该井位置纵向扩展高度为 25.2m。

(2)脚跟部位蒸汽腔热场前期扩展较慢,FZ1109 井温度在 2012 年开始有所升高,在 2014 年下半年扩展较快,截至 2014 年 10 月,温度为 217.9℃,在该井位置纵向扩展高度 12.9m。

(3)水平段脚趾部位观察井温度较低,蒸汽腔热场未有明显的扩展。

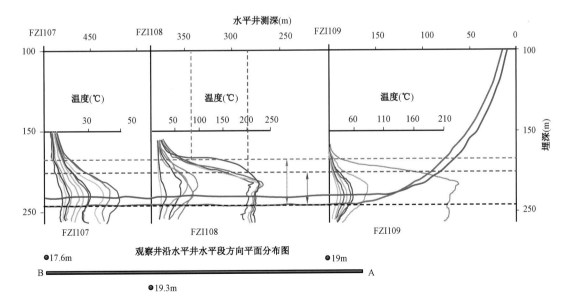

图 4-13 FHW103 井组直井观察井温度曲线

综合各井组不同时期水平段温度变化、观测井温度变化,绘制试验区不同 SAGD 生产阶段温度场分布图,计算蒸汽腔热场横向扩展距离、不同时间的扩展速度。根据测试结果,做出的

各区块所有井组周围的蒸汽腔发育状况图(即温度场分布图),结果如图4－14至图4－17所示。从图中可以看出:

(1)Z32井区SAGD先导性试验区水平段温度场分布不均匀,其中FHW103井组蒸汽腔最发育,连续性较好;FHW105井组蒸汽腔主要发育在前段及中部,水平段脚趾部位蒸汽腔不发育;FHW106井组蒸汽腔主要发育在水平段脚跟部位;FHW104井组最小。

(2)Z32井区SAGD先导试验区FHW103井组、FHW105井组蒸汽腔发育较好,垂直水平段方向最大蒸汽腔距离在75.8～83m,在观察井位置蒸汽腔纵向发育高度在25.2～28.7m;FHW104井组蒸汽腔横向及纵向扩展距离最小。

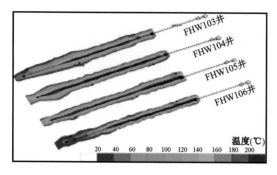

图4－14 Z32井区监测温度场(2011年9月)

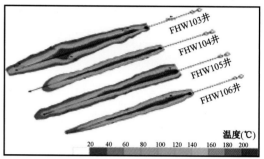

图4－15 Z32井区监测温度场(2012年9月)

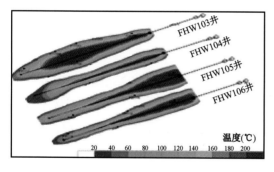

图4－16 Z32井区监测温度场(2013年9月)

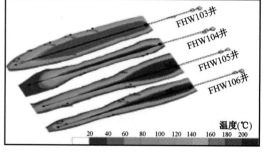

图4－17 Z32井区监测温度场(2014年9月)

从Z37井区SAGD先导性试验区蒸汽腔温度场分布来看(图4－18),蒸汽腔温度场分布不均匀,其中FHW209井组蒸汽腔最发育,连续性较好,其次为FHW207井组、FHW201井组,蒸汽腔主要发育在脚跟及中部,水平段脚趾处蒸汽腔不发育,FHW202井组、FHW203井组蒸汽腔发育最小。

Z32井区SAGD试验区4个SAGD井组的蒸汽汽腔三维形态如图4－19所示,视角为从脚趾看向脚跟方向,不同的图显示采用不同的能量阈值。从原始的四维影像数据体中抽取出了蒸汽腔的三维形态分布。三维影像图表明,各井组汽腔均在水平段中部形成了单一的连通体形态,表现为水平段中部连通较好,两端较差,尤其是脚趾部位较差。其中FHW103井组和FHW105井组蒸汽腔形成了单一的连通体形态,明显表现为中部连通较好,两端较差。FHW106井组蒸汽腔主要发育在水平段脚跟附近,且该区域基本达到油层顶部,水平段整体动用程度小于60%。

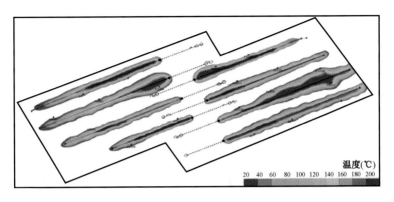

图4-18　Z37井区观察井监测温度场图(2014年10月)

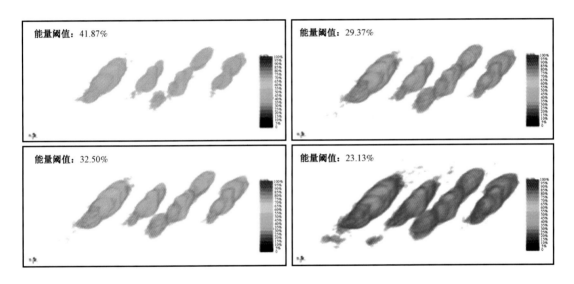

图4-19　Z32井区SAGD试验区四维地震不同能量阈值场图

　　Z37井区SAGD试验区8个SAGD水平井组的蒸汽腔三维形态如图4-20所示,视角为从脚趾看向脚跟方向,不同的图显示采用不同的能量阈值。从原始的四维影像数据体中抽取出了汽腔的三维形态分布。三维影像表明,各井组蒸汽腔均形成了单一的连通体形态,表现为中部连通较好,两端较差。FHW200井组的蒸汽腔体在该井区的8个井组中发育相对较差,在脚趾和脚跟位置均存在明显的断续现象,且存在只向上发育的形态。FHW203井组的蒸汽腔体相对发育较好,呈现出"串珠"状形态。其中,在靠近脚趾和脚跟部位均形成了只向上半部分发育的蒸汽腔体,显示下端腔体扩展受阻,该井组汽腔未到达油层顶部。FHW207井组在靠近脚跟位置蒸汽腔横向发育较好,垂直方向已经局部到达油层顶部,脚趾端蒸汽腔发育不理想。FHW208井组、FHW209井组蒸汽腔发育形态相对较好,蒸汽腔体连续且长度较长,高度及宽度方向的扩展性均较好。

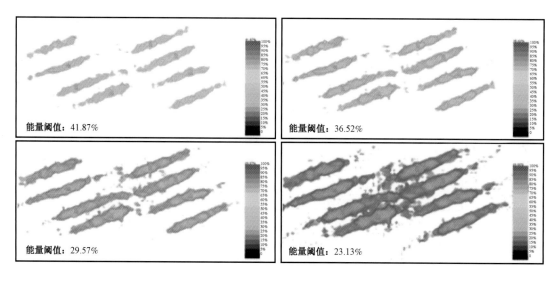

图4-20 Z37井区SAGD试验区四维地震不同能量阈值场图

第二节 SAGD蒸汽腔扩展跟踪数值模拟方法

一、SAGD循环预热及生产动态历史拟合

利用CMG灵活井(FLEX WELLBORE模块)数值模拟技术,对Z32井区的4个井组和Z37井区的7个井组进行了SAGD生产动态历史拟合。与常规蒸汽驱、蒸汽吞吐等注蒸汽油藏的历史拟合不同,SAGD拟合的难点在于,试验区的水平注汽井和水平生产井均采用了长短油管的平行双油管管柱结构,在长油管的后1/2水平段还进行了打孔,因此,如何精确表征在打孔条件下的双油管复杂井筒流动特征及生产特征,是拟合的难点所在。在精细地质建模的基础上,利用灵活井模块,根据平行双油管的管柱结构、热物性参数等特征,建立起了表征实际地下复杂管柱结构的SAGD井组模型,在输入历史注采参数的过程中,考虑到现场每天计量注汽量和产液量的时间对日产量数据造成的误差,为减小计量误差,另外对产量波动非常大的SAGD井组,为了尽量表征其实际的生产特征,采用了月平均量的办法,对注汽量和采液量均以月平均的数据输入,这样有效地减小了计量误差,代表了实际SAGD井组的生产水平。

二、Z32井区蒸汽腔发育形态分析

FHW103井组局部受夹层的遮挡,截至2014年10月,蒸汽腔仍整体处于上升阶段;局部蒸汽腔已于2012年10月上升至油层顶部,纵向最大蒸汽腔高度28m,横向最大扩展距47m(图4-21、图4-22),泄油腔体积已经达到30.8×10^4m^3。由于脚趾部分注汽井处于泥岩段,水平段脚跟附近蒸汽腔缓慢扩展,脚趾部位无明显蒸汽腔发育。预测表明,2013—2018年期间随着蒸汽腔的发育成熟,蒸汽腔逐渐向上沿脚趾部分扩展。

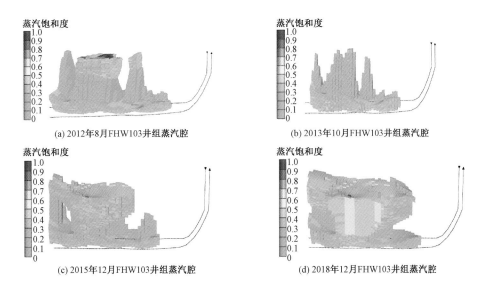

图4－21　FHW103井组蒸汽腔发育形态

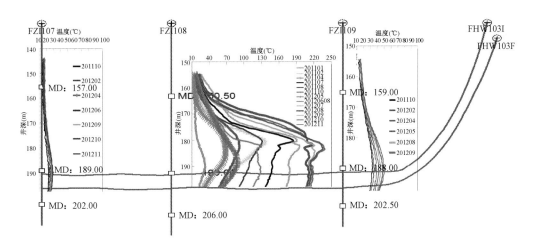

图4－22　FHW103井组观察井温度监测（单位:℃）

Z32井区SAGD试验区4个井组蒸汽腔最远横向扩展距离达到58m,4个井组已经有局部区域上升到油层顶部,进入横向扩展阶段,汽腔高度27～30m,泄油腔体积与累计产油量相关,累计产油量越大,泄油腔体积越大,具体结果见表4－1。

表4－1　Z32井区蒸汽腔发育参数表（2013年10月）

井组	横向扩展距离(m)	纵向上升距离(m)	泄油腔体积(m³)
FHW103	47	28	308685
FHW104	58	30	141434
FHW105	39	28	292752
FHW106	58	27	201464

三、Z37 井区蒸汽腔发育形态分析

以 FHW201 井组为例,该井组蒸汽腔高度 19.8m,局部已经上升到油层顶部,横向最大扩展距 24.5m,泄油腔体积为 $19.65 \times 10^4 m^3$。FHW201 井组管柱调整后,Sub-Cool 温度范围更加稳定,注采井间汽窜减少,沿整个水平段均有蒸汽腔发育,其中,脚跟附近蒸汽腔扩展较快(图 4-23)。

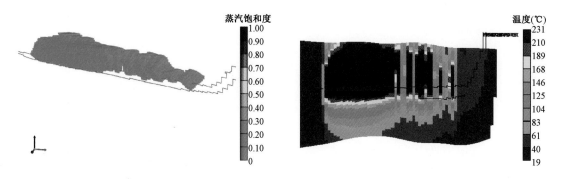

图 4-23   FHW201 井组蒸汽腔发育形态

Z37 井区 SAGD 试验区 7 个井组蒸汽腔最远横向扩展距离达到 70m,除 FHW203 井组以外,其余均已经上升到油层顶部,泄油腔体积与累计产油量相关,累计产油量越大,泄油腔体积越大,FHW207 井组泄油腔体积已经达到 196364m³(表 4-2)。

表 4-2   Z37 井区蒸汽腔发育特征参数表

井组	横向扩展距离(m)	纵向上升距离(m)	泄油腔体积(m³)
FHW201	24.52	19.86	196462
FHW203	24.5	16.15	91302
FHW207	64.9	29.97	196364
FHW208	70.86	29.41	126105
FHW209	51.84	21.58	147666

四、SAGD 蒸汽腔边界标定

由于四维地震监测解释处理获得能量场微震能量阈值的不同,造成所包含的微地震响应不同,需利用直井观察井测试获得的温度数据转换成蒸汽腔或热流体占据的体积边界标定四维地震能量场的边界(Roegiers 等,1992;Wong 和 Li,2001)。同时,直井观察井监测是工区的一些点数据,四维微地震监测结果仅是 SAGD 生产中的某一小的时间段,为掌握 SAGD 蒸汽腔的全过程的发育规律,需要利用标定好的四维微地震结果对跟踪数值模拟结果进行校正。蒸汽腔边界标定方法如下:

(1)选择直井观察井温度监测中温度较高的井(FZI108 井、FZI115 井和 FZI118 井)作为标定井点,确定其温度测试曲线中温度分别大于 80℃ 和 200℃ 的井深与对应的 SAGD 水平井组的水平段深度之间的差值,求取直井观察井的高温可流动带(80℃)和蒸汽腔(200℃)的高度(图 4-24)。

（2）将直井监测温度曲线导入四维微地震能量场数据体中,调整四维微地震能量场的阈值,使对应的中心能量区域和能量梯度拐点值与直井监测曲线对应的蒸汽腔和高温可流动带对应。

（3）将优选阈值对应的蒸汽腔能量场数据体对数值模拟中获得温度场数据体进行体数据对比,并校正地质模型,重新拟合,直至数值模拟结果与四维微地震结果和直井观察井监测结果基本一致。

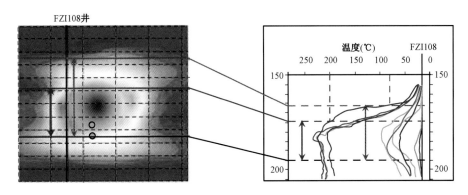

图 4 – 24　FZI108 井四维地震能量场标定示意图

以 Z37 井区 FHW200 井组为例,初次数值模拟温度场图如图 4 – 25 所示,蒸汽腔主要发育在水平段脚跟（A 点）至水平段 3/4 段。四维地震监测能量场数据显示（图 4 – 26）,在FHW200 井组水平段脚跟（A 点）附近 40 ~ 50m 水平段蒸汽腔不发育,数值模拟结果与四维微地震监测数据相矛盾。

图 4 – 25　FHW200 井组初次模拟温度场图

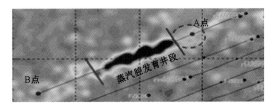

图 4 – 26　FHW200 井组四维微地震监测结果

分析三维地质模型发现,FHW200 井组水平段脚跟（A 点）附近发育一条较为明显的夹层,渗透率 5 ~ 20mD,在地质模型粗化成数值模型时由于层间合并,该夹层与周围的高渗透条带相互影响,粗化成了 150 ~ 200mD 的低渗透条带,重新对地质模型粗化,将该区域恢复成渗透率 5 ~ 20mD 的夹层条带,重新开展历史拟合,获得的数值模拟温度场（图 4 – 27）与四维微地震监测数据和地质模型更加匹配,利用该数值模型进行的蒸汽腔发育趋势和指标预测将更加合理且准确。

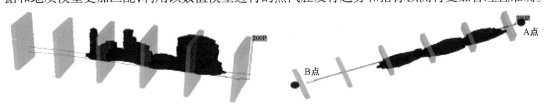

图 4 – 27　FHW200 井组校正模拟温度场图

五、归一化处理与指标计算

为了描述 SAGD 蒸汽腔宏观方面的特征,定义了蒸汽腔总体(V_s)和热流体总体积(V_e)。其中,蒸汽腔总体积(V_s)是指随着 SAGD 生产进行部分储层中饱和热蒸汽所占据的单元体积(包括单元骨架和孔隙体积)。热流体总体积(V_e)定义为在一定的压力条件下,流体(热油、热水)能够有效流动的高温流体带总体积。

根据已开发区单井组累计产油量与蒸汽腔总体积关系图(图 4 – 28)可以看出:蒸汽腔总体积(V_s)是累计产油量的 6 倍左右,根据这个关系,可依据累计产油量,快速判断不同 SAGD 井组蒸汽腔发育的大小。

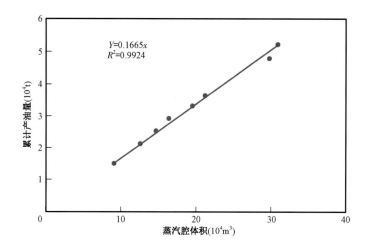

图 4 – 28 SAGD 蒸汽腔体积与累计产油量关系图

由于累计产油量也可以表示为

$$Q = V_s \times \phi \times \Delta S_o \times \rho \tag{4 – 3}$$

式中　ϕ——孔隙度;

ρ——原油密度,kg/m³;

ΔS_o——蒸汽腔所在体积内含油饱和度的变化值。

对于风城油田超稠油 Ⅱ 类油藏而言,该类油藏平均孔隙度 $\phi = 0.32$,原油密度 $\rho = 0.968$,平均原始饱和度 $S_o = 0.72$,按照累计产油量与蒸汽腔体积关系计算:$\Delta S_o = 0.53$;蒸汽腔残余油饱和度为 0.185,与风城地区相似区域的岩心蒸汽驱替残余油饱和度 0.152 ~ 0.226 之间基本一致。该结果表明,SAGD 蒸汽腔在前期生产过程中被饱和蒸汽驱替较为彻底,在 SAGD 生产后期蒸汽腔只是作为热量传导的介质,其本身的大小仅与累计产油量相关。

如图 4 – 29 所示,SAGD 生产过程中,蒸汽腔处于最核心位置,注汽井的饱和蒸汽最先进入蒸汽腔,随着热量扩散,蒸汽腔边缘出现一个被加热的条带,该条带按照岩石孔隙中的流体是否能够流动划分为高温流体带和低温流体带。风城油田不同区块原油黏度存在较大差异,其中超稠油 Ⅱ 类油藏原油可流动黏度(1000mPa·s)对应的温度为 80 ~ 85℃;在 SAGD 生产中,高温流体带中的热流体(热水、热油)在重力的作用下渗流至生产水平井产出。因此,日产油量的高低与高温热流体体积(V_e)的大小密切相关(图4-30)。

高温热流体体积(V_e)的计算公式为

$$V_e = V_{T80} - V_s \qquad (4-4)$$

式中 V_{T80}——温度大于80℃的油层总体,m³。

日产油量公式可以表示为

$$dq = V_e \times d(\Delta S_o) \qquad (4-5)$$

在某一小段时间内,高温热流体内的含油饱和度变化量基本维持不变,那么日产油量与高温热流体总体积成正比,高温热流体带体积越大,日产油量越高。

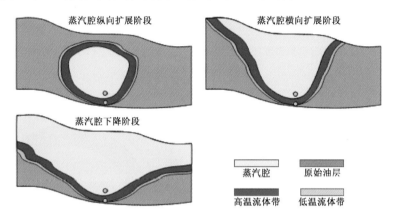

图4-29 SAGD生产不同阶段蒸汽腔形态

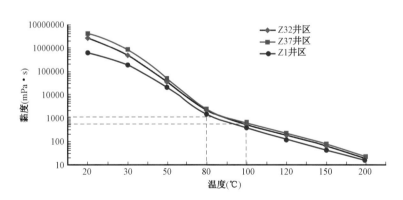

图4-30 超稠油Ⅱ类油藏原油黏度—温度曲线图

SAGD蒸汽腔发育主要受储层非均质性,管柱结构等因素影响,不同井组SAGD发育位置与大小不一,即使是同一井组不同位置发育程度差异也较大(图4-31、图4-32)。另外,不同SAGD生产阶段蒸汽腔发育形态各异。为了定量化描述和对比各个井组SAGD蒸汽腔发育程度和水平段动用情况,需要建立统一的对比指标与对比基础。

归一化处理方法:将不规则的蒸汽腔截面转化成半圆面(图4-33、图4-34),如果选取得是整个水平段,那么得到的是平均蒸汽腔半径R_s为

$$R_s = \sqrt{\frac{2V_s}{\pi L}} \qquad\qquad (4-6)$$

式中　V_s——蒸汽腔总体积,m^3；

　　　L——SAGD 井组水平段长度,m。

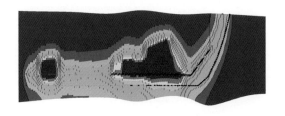

图 4-31　FHW202 井组模拟温度场

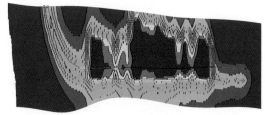

图 4-32　FHW207 井组模拟温度场

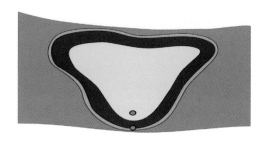

图 4-33　原始蒸汽腔截面图

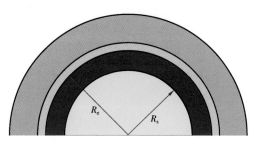

图 4-34　归一化蒸汽腔截面图

对应的平均有效加热半径 R_e(高温热流体边界)为

$$R_e = \sqrt{\frac{2V_{T80}}{\pi L}} \qquad\qquad (4-7)$$

某一小段水平段的有效加热半径 R_{ei} 为

$$R_{ei} = \sqrt{\frac{2V_{xi,T80}}{\pi L_{xi}}} \qquad\qquad (4-8)$$

为了定量表征 SAGD 蒸汽腔发育程度,制订了以下定量指标表(表 4-3),在生产和研究中可以通过计算 R_{ei} 与 R_e 的值来对应定量描述蒸汽腔发育程度。

表 4-3　SAGD 蒸汽腔发育程度描述定量指标表

蒸汽腔描述	非常发育	较发育	一般发育	不发育
参数指标	$R_{ei} \geqslant R_e$	$R_e > R_{ei} \geqslant 0.6 \cdot R_e$	$0.6 \cdot R_e > R_{ei} \geqslant 0.4 \cdot R_e$	$R_{ei} < 0.4 \cdot R_e$

为了定量表征 SAGD 蒸汽腔在水平段的动用情况,定义了水平段动用程度(H_L),其含义为蒸汽腔较发育与非常发育水平段长度的总和与水平段总长度的比值。

$$H_{\rm L} = \frac{\sum L_{xi}}{L} \times 100\% \, (R_{ei} \geqslant 0.6 R_{\rm e}) \tag{4-9}$$

为了定量表征 SAGD 蒸汽腔在水平段的动用均匀程度,借鉴岩石粒度分选系数,定义了水平段动用均匀系数,首先将照均一化处理后有效加热半径按照从小到大排列,分别计算其占总水平段的百分数,将其逐步累积,形成蒸汽腔有效加热半径累积百分比曲线图,分别取其中的累积百分比为75%和25%对应的有效加热半径 $R_{\varphi 75}$ 和 $R_{\varphi 25}$ 按照式(4-10)计算,计算得到的值按照表 4-4 对应进行表征。

$$S_{\rm L} = \sqrt{\frac{R_{\varphi 75}}{R_{\varphi 25}}} \tag{4-10}$$

式中　$S_{\rm L}$——水平段动用均匀系数;

　　　$R_{\varphi 75}$——累积百分数75%对应的加热半径,m;

　　　$R_{\varphi 25}$——累积百分数25%对应的加热半径,m。

表 4-4　水平段动用均匀系数指标表

水平段动用均匀程度	$S_{\rm L}$
均匀动用	1.0~1.5
中等均匀动用	1.5~2.0
动用不均匀	2.0 以上

以图 4-35 为实例详细说明 SAGD 蒸汽腔描述的各个参数详细表述:FHW001 井组蒸汽腔总体积为 $12.33 \times 10^4 \rm m^3$,热流体总体积为 $22.92 \times 10^4 \rm m^3$,蒸汽腔最大有效加热半径为24m,最小加热半径为1m,200m 水平段蒸汽腔非常发育,水平段中部存在 40m 较发育蒸汽腔,水平段脚跟和脚趾附近累计有 120m 水平段蒸汽腔不发育,水平段动用程度为70%,水平段动用均匀系数为1.7(图4-36),属于中等均匀动用。

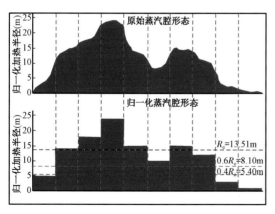

图 4-35　蒸汽腔归一化图

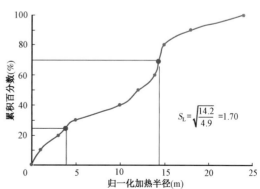

图 4-36　蒸汽腔有效加热半径累积曲线

采用 SAGD 蒸汽腔定量描述技术对 Z32 井区、Z37 井区的重点井组,进行了定量描述和指标计算(表 4 – 5、表 4 – 6),SAGD 试验区 3 个井组有效加热总体积达到 $50 \times 10^4 \mathrm{m}^3$,4 个井组水平段动用程度达到 70% 以上,FHW106 井组水平段动用程度仅为 45% 。

表 4 – 5　Z32 井区、Z37 井区部井组蒸汽腔指标统计表

指标 井组	水平段长度 (m)	累计产油量 ($10^4 t$)	有效加热总体积 ($10^4 \mathrm{m}^3$)	蒸汽腔体积 ($10^4 \mathrm{m}^3$)	有效加热半径 (m)	蒸汽腔半径 (m)	$R_{\varphi 75}$	$R_{\varphi 25}$
FHW103	400	5.64	57.79	34.4	21.5	16.6	28.0	10.2
FHW104	400	3.71	35.84	21.9	16.9	13.2	23.0	6.0
FHW105	400	6.52	52.98	39.1	20.5	17.6	27.0	6.1
FHW106	400	4.36	32.28	26.4	16.0	14.5	24.0	3.2
FHW207	430	4.61	55.79	28.1	20.3	14.4	25.2	8.0
FHW208	450	3.28	44.19	19.4	17.7	11.7	22.1	8.4
FHW209	500	2.98	41.77	17.9	16.3	10.7	21.6	11.4

表 4 – 6　Z32 井区、Z37 井区部井组蒸汽腔发育程度评价表

指标 井组	非常发育 (%)	较发育 (%)	一般发育 (%)	不发育 (%)	水平段动用程度 (%)	均匀系数
FHW103	45.0	25.0	10.0	20.0	70.0	1.66
FHW104	40.0	20.0	15.0	25.0	60.0	1.96
FHW105	50.0	10.0	10.0	30.0	60.0	2.10
FHW106	25.0	20.0	15.0	40.0	45.0	2.74
FHW207	51.1	18.6	10.2	20.1	69.7	1.77
FHW208	53.3	22.2	9.0	15.5	75.5	1.77
FHW209	36.0	32.0	20.0	12.0	68.0	1.37

第三节　SAGD 蒸汽腔扩展规律

一、Z32 井区蒸汽腔扩展速度分析

Z32 井区 SAGD 井Ⅰ类井组 FHW103 井组操作压力平均值为 3.2MPa,2010 年 9 月至 2012 年 9 月之间,蒸汽腔局部高度从 8m 上升至顶部 28m,蒸汽腔上升速度变化范围为 0.4～1.2m/月,蒸汽腔平均上升速度 0.85m/月。横向平均扩展速度为 1.18m/月,体积扩展速度 8014m^3/月(图 4 – 37 至图 4 – 39)。

Ⅱ类 SAGD 井 FHW104 井组操作压力目前 3.3MPa,2009 年 9 月至 2013 年 5 月之间蒸汽,蒸汽腔局部高度从 7m 上升至顶部 30m,蒸汽腔上升速度变化范围为 0.4～1.6m/月,蒸汽腔平均上升速度为 0.58m/月。横向扩展速度变化范围为 0.89m/月,体积扩展速度为 2580m^3/月,整体扩展速度较慢(图 4 – 40 至图 4 – 42)。

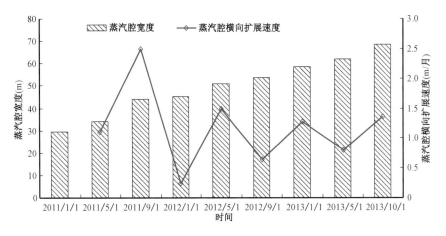

图 4 - 37　FHW103 井组蒸汽腔横向扩展速度

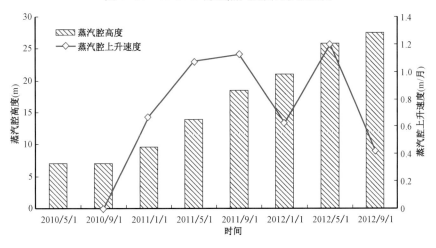

图 4 - 38　FHW103 井组蒸汽腔纵向扩展速度

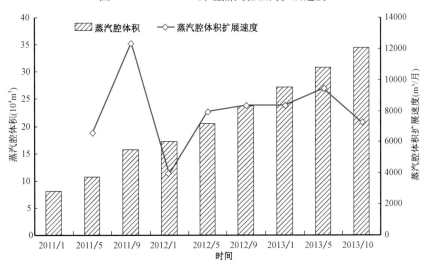

图 4 - 39　FHW103 井组蒸汽腔体积扩展图

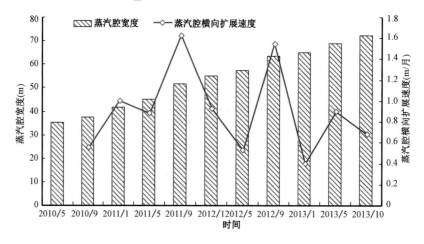

图 4 - 40　FHW104 井组蒸汽腔横向扩展速度

图 4 - 41　FHW104 井组蒸汽腔纵向扩展速度

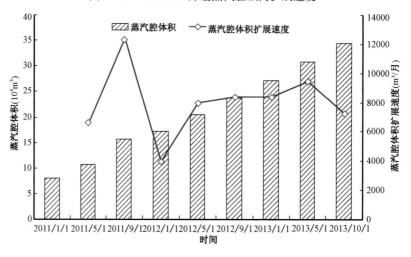

图 4 - 42　FHW104 井组蒸汽腔体积扩展速度

　　截至2013年10月底,Z32井区各SAGD井全部有局部点段上升到油层顶部,汽腔高度27～30m,Z37井区大部分井组有局部点段蒸汽腔上升到油层顶部,汽腔高度在14～26m。各SAGD井组蒸汽腔上升速度在0.88～1.15m/月,横向扩展速度0.88～2.65m/月,泄油腔体积扩展速度2580～8014m³/月(表4–7)。

表4–7　Z32井区蒸汽腔扩展速度

井组		平均上升速度 (m/月)	平均扩展速度 (m/月)	泄油腔扩展速度 (m³/月)
Ⅰ类井组	FHW103	0.85	1.18	8014
	FHW105	1.15	1.16	6731
	FHW106	0.88	2.65	4740
Ⅱ类井组	FHW104	0.58	0.89	2580

二、Z37井区蒸汽腔扩展速度分析

　　以FHW207井组为例,Ⅰ类井组蒸汽腔平均上升速度1.45m/月,平均横向扩展速度1.75m/月;体积扩展速度6403m³/月。蒸汽腔扩展速度为注采参数、管柱等各种因素综合结果;不合理的操作参数或工作制度,将会造成蒸汽腔体积缩小或者重复加热。Ⅱ类SAGD井组FHW209蒸汽腔体积扩展速度为5342m³/月,Ⅲ类SAGD井组FHW203蒸汽腔体积扩展速度为1830m³/月,不同类别之间蒸汽腔体积扩展速度差别较大(图4–43至图4–47)。

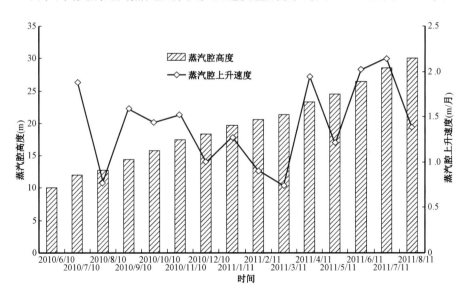

图4–43　Ⅰ类井组蒸汽腔上升速度

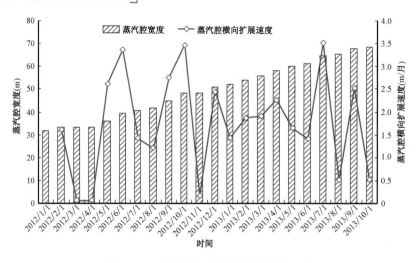

图 4-44　Ⅰ类井组蒸汽腔横向扩展速度

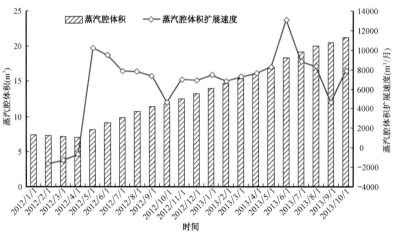

图 4-45　Ⅰ类井组蒸汽腔体积扩展速度

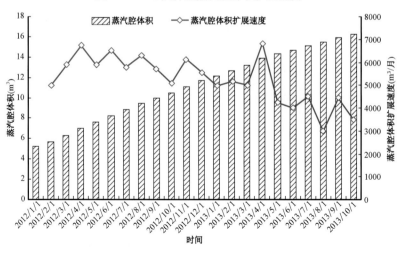

图 4-46　Ⅱ类井组 FHW209 蒸汽腔体积扩展速度

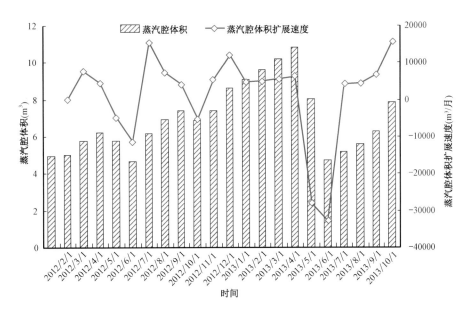

图 4 - 47 Ⅲ类井组 FHW203 蒸汽腔体积扩展速度

三、SAGD 蒸汽腔扩展规律分析

SAGD 蒸汽腔的发育不是单纯的上升—扩展—下降过程,而属于复合过程;单斜构造的蒸汽腔优先向上倾方向扩展,试验区构造倾角下 SAGD 向上倾方向横向扩展距离与扩展速度为下倾方向 1.5~2.0 倍;注汽井上方 1m 内的连续夹层将阻碍蒸汽腔上升通道,产生遮挡;夹层在注汽井上方时,蒸汽腔垂直上升遇阻,蒸汽将沿构造上倾方向沟通上倾部位井组蒸汽腔,促进上倾蒸汽腔加速扩展,而下倾本井组蒸汽腔扩展困难;单油管打孔管蒸汽沿程出汽多,脚趾无蒸汽腔发育。受吸汽差异,每个井组不同汽腔纵(横)向扩展速度不同,应以汽腔体积扩展速度作为标准。如图 4 - 48 所示,以 FHW207 井组为例,2011 年 1 月,井段首先发育 5 段独立蒸汽腔,蒸汽腔体积较小且不稳定,可以通过调整管柱和注采参数促进水平段动用程度增加。随着生产进行,至 2013 年 1 月汽腔发生聚并效应,相互独立的蒸汽腔随着蒸汽腔的扩展逐渐变成 1 个较大蒸汽腔。此时蒸汽腔较稳定,生产时易于操作,单纯注采参数和管柱调整难以受效,需调整开发策略(表 4 - 8)。

表 4 - 8   不同 SAGD 阶段蒸汽腔发育形态及调整方案

生产阶段	蒸汽腔发育阶段	蒸汽腔发育形态	调整方案
转 SAGD 初期	局部蒸汽腔上升 + 局部蒸汽腔发育	蒸汽腔呈几个连续或单个分散分布于水平段	单纯注采参数/管柱调整
SAGD 中期	局部蒸汽腔扩展 + 局部蒸汽腔上升	蒸汽腔从分散开始聚并,水平段不再有单个蒸汽腔发育	单纯注采参数/管柱调整难以受效,需调整开发策略

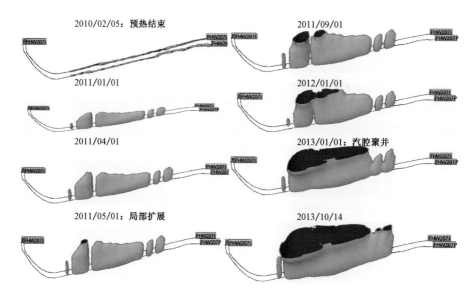

图4-48　FHW207井组不同时期蒸汽腔扩展形态

第五章 双水平井 SAGD 油藏工程设计

相对于蒸汽吞吐、蒸汽驱等常规热采方法,双水平井 SAGD 油藏工程设计内容更为复杂与综合,系统性更强,同时还具有明确的阶段差异性。本章系统地阐述了双水平井 SAGD 油藏工程设计理论与方法,详细论证了 SAGD 管柱结构优化设计、循环预热阶段优化设计、SAGD 生产阶段优化设计等内容,并对开发效果的敏感性做了分析。

第一节 双水平井 SAGD 管柱结构优化设计

SAGD 技术以其见效快、热能利用率高、采收率高和油汽比高等优势已成为开采稠油的主流技术。实际生产过程中,水平井的水平段长度和井筒尺寸等管柱结构对 SAGD 的产能具有很大影响(Li 等,2009)。为提高 SAGD 技术开发稠油的效率,必须优化 SAGD 水平井的管柱结构,对进一步提升稠油生产效率具有重要意义,也是下一步开展 SAGD 油藏工程设计的基础。

一、管柱结构数值模型表征

风城双水平井 SAGD 自投产以来,试验过多种类型的管柱结构,包括打孔长油管、长油管下入水平段 1/2 或 2/3 处、单根长油管、平行长短油管组合、短油管下入水平段 A 点以后等多种情形。为了分析不同管柱结构条件下水平段沿程蒸汽分布特征,利用加拿大 Thermal Wellbore Simulator V1.1(TWBS)软件分别建立了不同管柱结构的数值模型,并进行了水平段沿程蒸汽分布特征计算。

1. 单油管打孔管模拟

SAGD 先导性试验中,为达到水平段均匀注汽的目的,在注汽油管设计了配汽短节,通过不同开孔数控制出汽量。以 FHW103 井组注汽管柱为例,该井组采用单管注汽(9⅝in 套管、4½in ~ 3½in 隔热油管、7in 筛管、2⅞in 打孔油管)。模拟计算结果显示,A 点附近 1/2 处水平段蒸汽流量较大,干度较高;距 A 点越远,干度越低,B 点附近干度降至 0(图 5 - 1);打孔结构使得蒸汽流量多集中在水平段脚跟方向,后端蒸汽流量受到明显影响;只有在注入汽量很大的情况下,才能满足脚趾部位有一定干度,而这种条件在 SAGD 预热阶段或生产初期需汽量较小的情况下基本是无法满足的(Li 和 Chalaturnyk,2005)。

2. 平行双油管模拟

平行双油管的好处之一就是能最大限度地平衡井筒压力差,同时,能够保证出汽点在水平段前后两端。以 FHW105 井组注汽管柱为例,该井组采用双管注汽(9⅝in 套管、4½in ~ 3½in 隔热油管、7in 筛管、长管 2⅞in、短管 2⅜in),长短管注汽能力相当:长管最大注汽能力为 100t/d,短管最大注汽能力为 81t/d。模拟计算结果显示,A 点附近 1/3 处和 B 点附近 1/3 处水平段蒸汽流量较大,干度较高;沿着水平段整体干度形态呈哑铃状,两端高,中间低(图 5 - 2 至图 5 - 4);

当注汽量不足时,该结构容易形成中间干度低的情况。

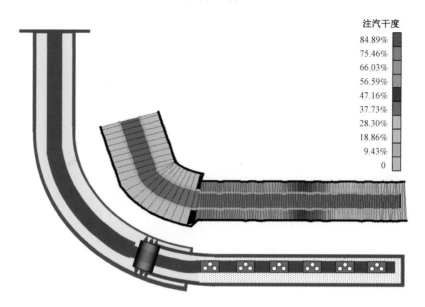

图5-1　FHW103井组注汽管柱组合及注汽干度沿程分布图

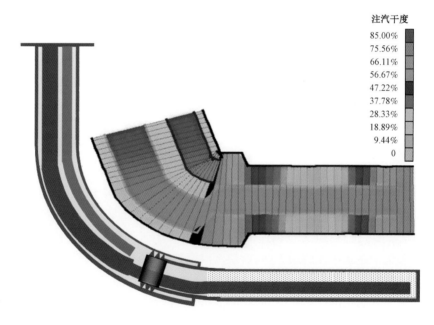

图5-2　FHW105井组注汽管柱组合及注汽干度沿程分布图

3. 平行双油管(长油管部分段打孔)模拟

除长油管全水平段打孔试验外,还试验了部分段打孔及长、短油管末端下入不同位置的情况。均采用双管注汽($9\frac{5}{8}$in 套管、$4\frac{1}{2}$in ~ $3\frac{1}{2}$in 隔热油管、7in 筛管,$2\frac{7}{8}$in 打孔长油管,$2\frac{3}{8}$in 短管)。

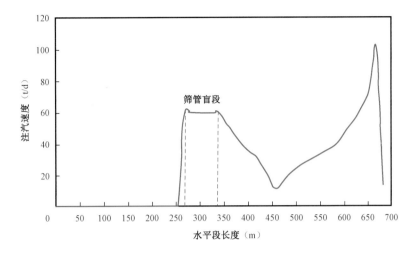

图 5-3　FHW105 井组环空注汽速度变化(A 点和 B 点之间)

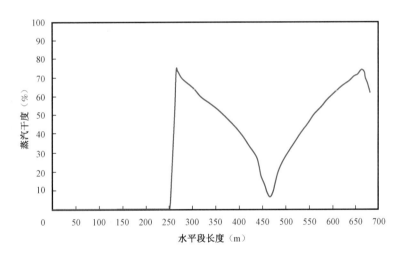

图 5-4　FHW105 井组环空蒸汽干度变化(A 点和 B 点之间)

　　第一种情况:长油管后 1/3 段打孔(FHW106 井组注汽管柱),该条件下 A 点附近 1/3 处和 B 点附近 1/3 处水平段蒸汽流量较大,干度较高,整体干度形态呈哑铃状,两端高,中间低。

　　第二种情况:长油管后 1/2 段打孔 + 未下入 B 点(FHW200 井组注汽管柱),长管下入至 821m,距 B 点距离较远,短管下至 A 点。结果显示 A 点附近蒸汽流量较大,干度较高。由于打孔管设计及未将长管下至 B 点,导致 B 点附近汽量减少,干度降至零,影响 B 点蒸汽腔发育。

　　第三种情况:短油管下入 A 点后 100m + 长油管后 1/3 段打孔(FHW209 井组注汽管柱),长管下入至 839m,距 B 点距离较近,短管下入至 358.91m。A 点附近蒸汽流量较大,干度较高。井段中间因蒸汽流量降低,出现蒸汽干度低点。由于打孔管设计及未将长管下至 B 点,导致环空内干度呈波浪状变化,打孔管出口处较高,远离打孔管后干度降低。

　　通过以上分析计算,结合生产实践认为,采用长油管打孔的方式实现均匀配汽,在实际应用中需要一定的条件,需要有足够的注汽速度才能满足均匀配汽目的。而SAGD生产由于具有明显的阶段性,每个阶段对于汽量的需求不同,采用这种方式很难满足实际要求。

二、管柱结构优化设计

1. 双管注汽管柱结构优化对比

当长管 $3\frac{1}{2}$in + $2\frac{7}{8}$in 到脚趾,短管 $2\frac{3}{8}$in 到造斜段时(先导性试验区管柱),长短管注汽能力相当:长管最大注汽能力为100t/d,短管最大注汽能力为81t/d。从远程蒸汽干度可见,短管注入的蒸汽在筛管盲段的干度损失达到了10%,水平段干度最低点为10%(图5-5)。

当长管 $3\frac{1}{2}$in + $2\frac{7}{8}$in 到脚趾,短管 $3\frac{1}{2}$in + $2\frac{3}{8}$in 进入水平段100m时(Z32井区工业化开发区管柱),长管最大注汽能力为100t/d,短管最大注汽能力为110t/d。同样水平段中部会出现干度最低点(20%)(图5-5)。

上述两种管柱结构对比:短油管伸入水平段100m,水平段由两段配汽变为三段配汽,有利于提高短油管注汽能力与水平段蒸汽干度:短油管注汽能力提高30t/d,平均蒸汽干度提高20%,水平段最低蒸汽干度提高10%。因此,优选第二种管柱结构为最佳的管柱结构。

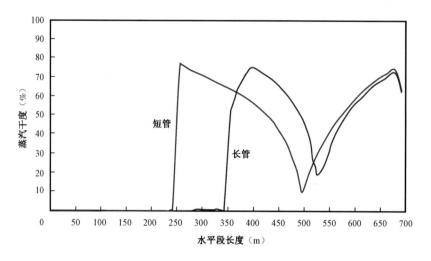

图5-5 环空蒸汽干度变化(A点和B点之间)

2. 双管与单管注汽管柱结构优化对比

采用单管注汽管柱生产易造成单点突破,缺乏调控灵活性,正常生产中注汽量和注汽速度很难达到设计要求,所以存在水平段加热不均匀的问题,由于配汽均匀程度低,会影响注采井热连通均匀性,不利于水平段中前段的动用。

采用双管注汽管柱结构,便于调节水平段跟部和趾部注汽量,注汽水平井可采用两点注汽或单点注汽,生产水平井可采用两点生产或者单点生产,形成了两点注、采管柱结构调整工艺。当SAGD生产初期采用双管注汽时,井筒数值模拟结果表明,水平井段干度要大于单独采用长管注汽方式,如图5-6、图5-7所示,井筒内蒸汽干度的提高有助于提高沿水平井段动用程度。

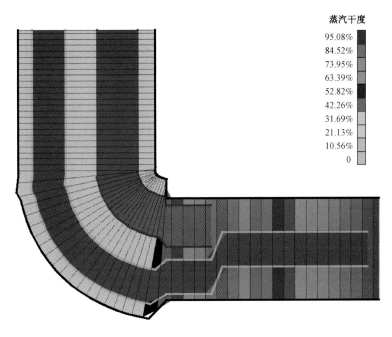

图5-6 双管注汽井底干度示意图

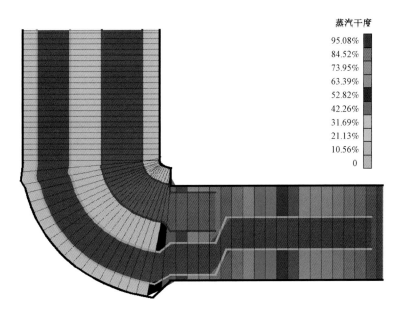

图5-7 长管注汽井底干度示意图

3. 隔热油管效果优化对比

油藏深度越大,井口蒸汽注入井底热损失越大。随着风城超稠油开发规模日益扩大,SAGD开采技术已由Ⅱ类油藏应用扩大到Ⅲ类油藏,油藏条件变差,油层埋深加大,由原来200~250m加深至400m以上,整体循环预热效果较差,预热时间延长,生产阶段产油量、油汽比低,为提高蒸汽利用率,减少蒸汽热损失,在管柱造斜段更换隔热油管,以提高热效率。更换隔热管后管柱结构如图5-8所示。井筒数值模拟研究表明，注汽量50~75t/d，井深400m，水平段400m，井筒采用隔热油管时水平段干度提高20%，提高了整体热能利用率，有利于SAGD早期蒸汽腔均匀扩展，采用隔热管的井筒内蒸汽干度分布如图5-8所示。

在工业化应用阶段，风城油田Ⅱ类油藏SAGD开发区循环预热阶段管柱采用3½in内接箍油管，转抽后采用4½in+2⅜in内接箍油管，均下入容易。针对Ⅲ类油藏油层埋藏较深的情况，当采用优化管柱结构时，即下入φ114/76mm隔热油管后，管柱在稳斜段可以下入4½in+2⅞in内接箍油管，下入过程无遇阻现象，现场操作顺利，工业化应用中各区块管柱结构参数见表5-1。

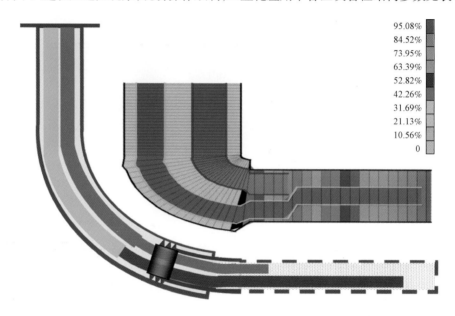

95.08%
84.52%
73.95%
63.39%
52.82%
42.26%
31.69%
21.13%
10.56%
0

图5-8　更换造斜段隔热油管后管柱结构与井筒干度分布示意图

表5-1　管柱组合在稳斜段剩余空隙对比

序号	套管内管柱结构	套管直径	理论剩余最大间隙	备注
Z1循环预热管柱	3½in+3½in内接箍	224.4	46.60	下入容易
试验区转抽后管柱	4½in+2⅜in内接箍	224.4	30.98	下入容易
Z18井区循环预热管柱	φ114隔热油管+φ88.9mm内接箍	224.4	3.00	下入过程中无遇阻现象

4. 生产井管柱结构优化

采用常规转抽的方式，即泵口位置在水平段A点之上，由于压差作用，势必造成易闪蒸和积液现象，进而导致生产效果变差。以FHW214P井为例，其生产井管柱结构如图5-9所示。依据井下测温估计，在转SAGD生产之前，该井组水平段动用率100%，但转生产后水平段动用率仅为40%，后端大段连通性变差，而前端汽窜频繁。

针对这种问题，为通过改变液体流动路径实现平衡水平段水力压差，现场试验了水平段下入衬管控液技术（图5-10）。即在A点后悬挂一定长度的控液管，生产过程中，前段泄流的液体向后端绕流，后端泄流的液体流动路径变短，在衬管入口处汇合，有效降低了水平段前段汽窜的影响，增加了水平段后端动用程度，提高了井下Sub-cool温度范围，改善了开发效果。

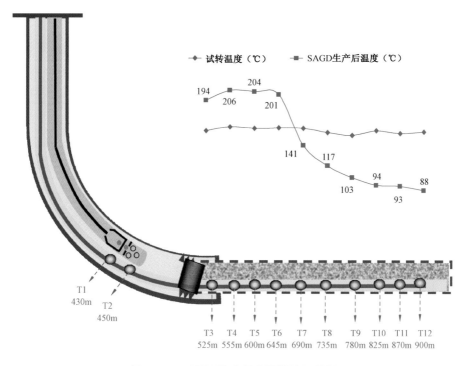

图 5－9　FHW214P 井的井下管柱示意图

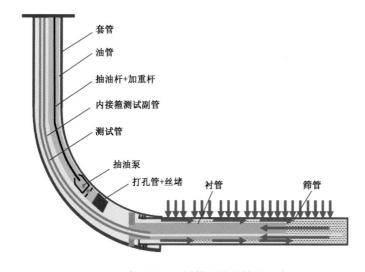

图 5－10　水平段下入衬管的控液管柱示意图

第二节　双水平井 SAGD 井网井距优化设计

SAGD 水平井部署优化设计主要包括水平段长度、SAGD 水平井井距、水平生产井在油层中的垂向位置、水平井对垂向井距、水平井平面排距等。根据 Z32 井区、Z37 井区 SAGD 先导性试验取得的认识,针对上述水平井地质设计参数做了进一步的优化。

一、井网井型优选

风城超稠油油藏埋藏浅、油层压力和温度低、地下原油黏度高、连续油层厚度适中,适合于双水平井 SAGD 开发。数值模拟结果表明,在相同地质条件下,双水平井 SAGD 井组日产油量高、油汽比高、采油速度高,较水平井—直井组合 SAGD 方式开发效果好(表 5 - 2)。因此,风城浅层超稠油油藏可采用双水平井 SAGD 方式开发。

表 5 - 2　不同 SAGD 开发方式单井组开发指标对比表

SAGD 方式	生产时间(a)	注汽量(10^4t)	产油量(10^4t)	平均日产油量(t)	油汽比	采收率(%)	采油速度(%)
双水平井	11.0	62.9	21.6	65.4	0.34	56.7	5.15
直井与水平井组合	14.6	108.5	21.7	49.5	0.20	56.96	3.95

二、水平段长度优化

SAGD 水平段长度越长,产液量越高,对钻井技术、举升能力的要求越高。在 SAGD 双水平井长度设计过程中,主要考虑以下几方面的内容。

1. 水平段沿程吸汽速度

以 Ⅲ 类油藏埋深较大区域为例,当采用 7in 筛管完井时,井口注汽压力为 6.0MPa,井底操作压力 4.5MPa 条件下,水平段长度 400 ~ 600m 的对应的水平段均能有效覆盖蒸汽,最小沿程吸汽速度为 12.4t/d;当水平段长度达到 700m 时,水平段中部出现 80m 的水平段沿程吸汽速度小于 10t/d,沿程吸汽速度低,该水平段具有动用程度变差的风险(图 5 - 11)。

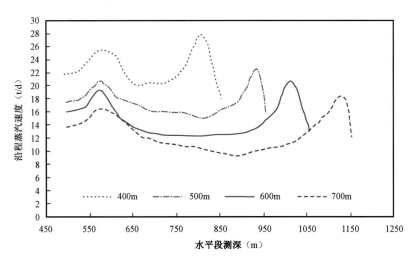

图 5 - 11　不同水平段长度沿程吸汽速度(7in 筛管完井)

2. 经济效益分析

对比水平段长度 400 ~ 900m 的 SAGD 井组产量和经济效益发现,水平段长度越长,单井组累计产油量越高。水平段长度 400m 井组产量较低,效益相对较差,水平段长度 500m 以上时,生产效果较好(表5-3)。

　　基于以上认识,SAGD 水平段长度的确定,实际中既要考虑技术可行性,又要考虑经济性;既要考虑工程条件,又要考虑地质条件(Du 和 Wong,2007)。尤其是风城超稠油油藏沉积背景为陆相辫状河沉积,夹层普遍发育,油层横向连通性在区域内变化较大,刻意追求长水平段可能会造成动用率低和储量浪费。和其他热采技术一样,SAGD 开发中同样要注重开发效益和资源效益。

表 5 - 3　不同水平段双水平井 SAGD 开发单井组预测指标表

水平段长度 (m)	累计注汽量 (10^4t)	累计产液量 (t)	累计产油量 (t)	累积油汽比	采油速度 (%)
400	34.17	43.23	6.63	0.19	47.02
500	44.16	55.38	7.95	0.18	46.49
600	52.83	66.39	9.15	0.17	45.52
700	57.39	72.12	10.92	0.19	47.27
800	67.62	84.96	12.12	0.18	46.44
900	79.35	99.69	13.62	0.17	46.80

三、井距优化

　　对于井距的选择,国外 SAGD 应用目前也无固定标准。对于大多数储层条件较好的油藏,由于具有非常高的孔渗条件,国外一般采用 80~120m 的井距,开发过程中再根据实际进行加密。已商业化开发的项目中,有些油藏 SAGD 开发的井距已达到 50m。

　　SAGD 水平井井距的优化通常考量两个指标,即经济效益和稳产时间。井距越小,SAGD 生产、稳产时间越短,单位面积井数多,钻井及采油设备成本较高;井距过大,累积油汽比低,经济效益变差。模拟结果表明,对于风城超稠油油藏而言,70m 的井距条件下对应的产量、最终采收率、累积油汽比相对较高(图5-12)。考虑钻井成本、产量、采出程度和累积油汽比等因素,优选井距为70m。

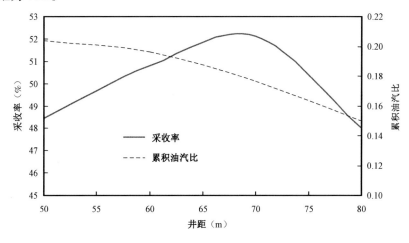

图 5 - 12　不同井距开发效果对比图

四、生产水平井位置优化

根据 Butler 的重力泄油理论,SAGD 水平生产井上部的油层厚度是影响 SAGD 稳产阶段产量的主要因素。SAGD 生产结束后的剩余油,主要分布在水平生产井以下部位,因此,双水平井 SAGD 水平生产井应尽量部署在油层底部,以最大限度地扩大汽腔波及体积,减少储量浪费。考虑钻井技术的影响和限制及油层物性的影响,生产水平井布置在距油藏底部 1～2m 为最佳(陈森等,2012;孙新革,2012;Guindon,2015)。当然,这个最佳位置实际中还取决于油藏条件,如果储层下部物性条件较差,如发育底水或具有较厚的过渡带,就要进一步考虑和优化,在资源利用与整体开发效果之间进行权衡。

在水平井段长度为 500m、水平井对垂向井距为 5m 的条件下,分别模拟研究了水平生产井距油层底部 0m、1m、2m、5m、7m 情况下的 SAGD 开发效果(图 5－13),可以看出,水平生产井距油层底部大于 5m 后,SAGD 稳定阶段的日产油量明显下降,其采出程度随之降低。

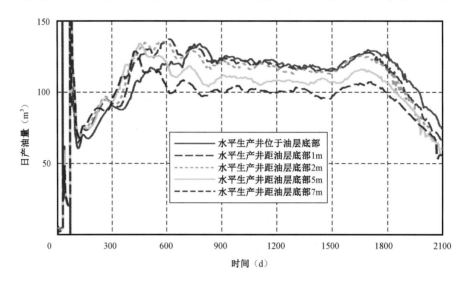

图 5－13　水平生产井在油层不同位置的 SAGD 稳产阶段日产油量对比曲线

五、注采水平井垂距优化

注汽井与生产井水平段垂向距离主要对 SAGD 启动阶段有较大的影响。在水平段长度为 500m、SAGD 水平生产井距油层底部 2m 的条件下,分别对水平生产井与注汽井垂向距离为 3m、4m、5m、6m、7m、8m 情况进行对比。数值模拟结果表明,注汽井与生产井水平段中间区域的平均温度达到相同温度(120℃)时,所需要的时间分别为 80d、100d、120d、140d、170d 和 210d(图 5－14)。随着垂距增加,循环预热时间呈指数增加,说明增加井对之间的垂距不利于循环预热和井间热连通。同时,随着循环预热时间的增加,循环预热的成本也随之增加。风城油田 III 类油藏 SAGD 开发中,由于埋藏较深、黏度较高,多数井预热时间达到半年以上(甚至一年),不仅预热效率低,见产时间还大幅滞后。

此外,由于 SAGD 主要靠上下注汽井与生产井井间的液面和采出流体温度来控制生产井的产液速度,水平段两井间允许的最大液面高度为上下井间的垂直距离。如果注汽井与生产井井间垂直距离太小,一方面容易造成蒸汽突破生产井,另一方面液面也容易淹没注汽井导致蒸汽腔发育受阻,均不利于生产井的控制。一般来说,国外水平井对垂距在 5～7m 范围内。参考国外设计经验,考虑风城超稠油油藏储层非均质性较强的特点,结合数模结果,认为风城超稠油油藏 SAGD 井组垂距最优为 5m。

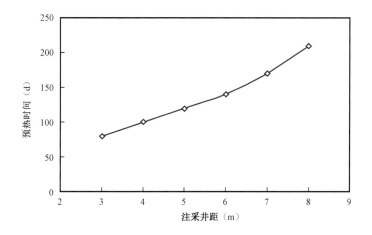

图 5 – 14　注汽井与生产井不同垂距情况下的循环预热时间

第三节　双水平井 SAGD 循环预热阶段优化设计

一、双水平井 SAGD 等压循环预热机理与关键参数优化

1. 双水平井 SAGD 等压循环预热机理

在等压循环预热阶段,注采井井下操作压力相等。蒸汽从长油管注入,经过环空从短油管排出,注汽压力与油藏压力基本相同或略高于油藏压力(高 0.5MPa),在此期间无蒸汽或只有很少量蒸汽进入油层,注采井间油层加热的机理主要是热传导。

由于注采井间等压循环,且无大量蒸汽进入油层,等压循环预热是一个相对稳定的加热过程,注采井间储层无明显压窜。在等压循环预热 60～120 天以后,当注采井间油层黏度降至 500mPa·s 时,便进入增压循环预热阶段(图 5 – 15)。在此阶段,注汽井与生产井的注汽压力与回采压力均比原始油藏压力提高 1MPa 左右,注采井间仍然保持等压循环。此时由于操作压力高于原始油藏压力,因此将会有一定量的蒸汽进入油层,注采井间油层加热的主要机理为热传导以及蒸汽进入油层的热对流作用。蒸汽进入油层后,将大幅提高蒸汽加热油层的效果,注采井间温度快速上升。

2. 双水平井 SAGD 等压循环预热注采参数优化

1)循环预热注汽速度优化

水平段长度取 500m 时,由井筒模拟结果可知:注汽速度为 50t/d 时,水平段 A 点附近无法有效加热;当注汽速度为 60t/d 时,水平段 A 点附近基本能达到有效加热。考虑到现场注汽压力、蒸汽干度及注汽量的波动,建议单井循环预热注汽速度 70～80t/d(图 5 – 16)。

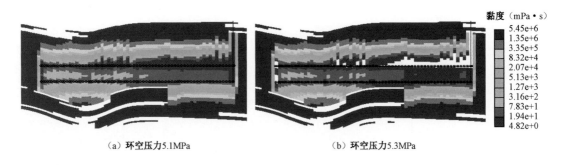

（a）环空压力5.1MPa　　　　　　　　　（b）环空压力5.3MPa

图5-15　不同环空压力循环预热黏度场分布图（500m）

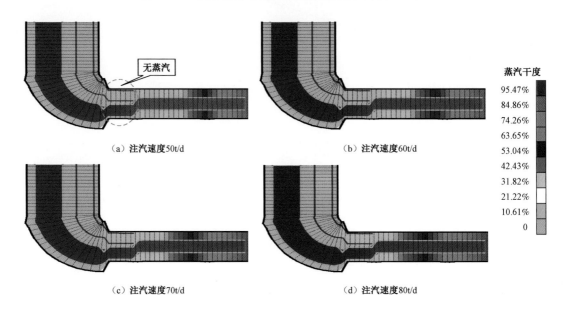

（a）注汽速度50t/d　　　　　　　　　　（b）注汽速度60t/d

（c）注汽速度70t/d　　　　　　　　　　（d）注汽速度80t/d

图5-16　不同注汽速度井筒蒸汽干度分布图（500m）

2）均匀等压预热环空压力优化

以风城油田黏度较高的Ⅲ类油藏为例，由数值模拟结果可知，原始地层压力平均为4.5MPa，当环空压力与地层压力保持一致时，注汽井与生产井水平段井间温度均匀上升，但温度上升速度缓慢；当环空压力提升至4.7MPa时，注汽井与生产井水平段井间温度均匀上升，温度上升速度加快；当环空压力提升至4.9~5.1MPa时，注汽井与生产井水平段井间温度上升速度较快，但出现局部加热严重状况，容易形成"点窜"或"段通"（图5-17）。因此，均匀等压预热阶段的环空压力应与原始地层压力接近，以确保水平段井间油层加热相对较快且连通均匀。

增大循环注汽压力，水平井井底蒸汽饱和温度增高，有利于提高水平段井间中间区域的平均温度。随着环空压力增高，进入地层的蒸汽量变大，导致水平段井间油层加热不均，尤其对于非均质性较强的油藏，将会对后期的SAGD操作造成影响。国外实际操作表明，预热阶段注入压力接近油藏压力或略高于油藏压力，井筒环空温度分布、水平井井间油层加热和蒸汽腔发育最稳定。为保证水平段温度上升平稳，注入压力略高于油藏压力，环空压力以不高于油藏压力0.5MPa为宜。

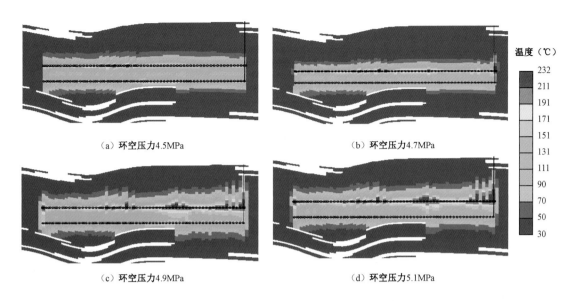

图 5 - 17　不同环空压力循环预热 120 天温度场分布图(500m)

3) 均匀等压预热时间优化

等压循环时间确定原则:通过不间断的热传导逐步提高注汽井与生产井水平段井间温度,当油层温度达到 120 ~ 130℃时,原油黏度降至 500mPa·s 左右,原油具有一定的流动能力,可以转入均衡增压循环预热阶段。

以Ⅲ类油藏为例,模拟结果表明,水平段长度为 500m 时,等压循环预热 120 天以上,注汽井与生产井水平段井间温度达到 120 ~ 130℃,原油黏度降至 500mPa·s 左右,可以进行增压循环预热(图 5 - 18)。当水平段长度进一步增加,同等注汽条件下,循环预热时间加长,当水平段长度为 800m 时,等压循环预热时间延长至 150 天,水平段长度每增加 100m,时间延长约 10 天。

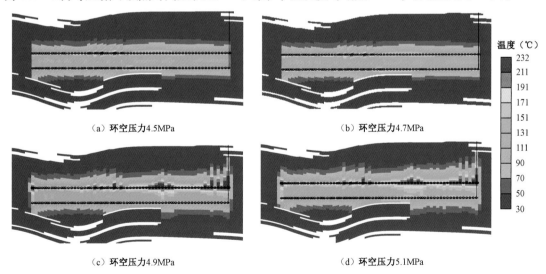

图 5 - 18　不同环空压力循环预热 120 天温度场分布图(500m)

4)均衡增压预热环空压力优化

均衡增压原则:通过提高注汽井和生产井的注汽压力同步提高井底蒸汽温度,通过控制循环产液量增加井间流体对流,加快热连通,同时应避免水平段局部发生汽窜。

模拟结果表明,当原始地层压力4.5MPa,水平段长度为500m时,环空压力升高0.8~1.0MPa,即环空压力升至5.3~5.5MPa时,注汽井与生产井水平段井间温度上升较均匀;当压力升高超过1.5MPa时,即环空压力升至6.0MPa时,水平段局部(高渗透条带)井间对流过快,汽窜风险较大(图5-19)。

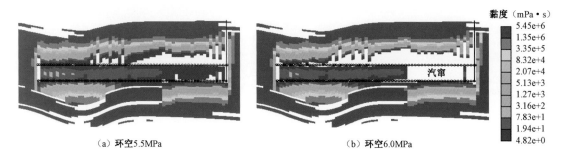

（a）环空5.5MPa　　　　　　　　　　（b）环空6.0MPa

图5-19　不同环空压力循环预热黏度场分布图(500m)

二、双水平井 SAGD 预热连通性判断机理与关键参数优化

1. 连通性判断操作参数与效果分析

1)油嘴尺寸调整的影响

每次热连通判断的总时间为3.67~4.83h,平均为3.75h;基本方式是通过调节井口油嘴,观察压力联动变化。各井油嘴尺寸变化一般按照3~6级,逐级调整油嘴的时间间隔为35~50min,平均为40min。实践表明,油嘴调节在各个井组都存在差异,图5-20显示了不同的3个批次井组油嘴调整变化级次,分别为4-4-5-4-5-7、5-5-5-4、5-5-5-4,各不相同。

2)热连通判断时机与蒸汽注入的影响

如图5-21所示,每次热连通判断的时机平均为174天,对应平均注入蒸汽量为20036t,单井平均注汽速度为57.5t/d。

3)热连通过程中压力的变化特征

如图5-22所示,注汽水平井平均压降为0.19MPa,平均降压速率为0.06MPa/h;生产水平井平均压降为0.69MPa,平均降压速率为0.23MPa/h。

4)生产井压降对注汽井压力变化的影响

如图5-23和图5-24所示,SAGD开发区热连通判断过程中,注汽井压降与生产井压降之间相关性较差(在实际生产中,现场也将注汽井称为I井,生产井称为P井),表明注汽井压降不仅受到生产井压降的影响,还受到其他因素的影响。总体来看,注汽井压降随注汽速率降低而逐渐降低,表明注汽井注汽速率对弥补压力损失、控制压降程度具有一定影响。

5)油嘴放大速率与连通性判断时间对注汽井压力变化的影响

注汽井压降随平均油嘴的放大速率增加而下降,合理的油嘴放大速率在3.8~5.8之间;

连通性判断时间对注汽井压降的影响分两种:注汽井低速注汽(<2.7t/h)时,连通性判断时间越长,注汽井压降越大;注汽井注汽速度提高到2.7t/h以上后,连通性判断时间越长,注汽井压降越小,表明注汽井低速注汽时,蒸汽比热容增大也难以弥补压降损失;而高速注汽时,蒸汽可以通过扩大比热容来弥补压降,连通性判断时间越长越不明显;因此,合理的注汽速度对判断压降至关重要(图5-25)。

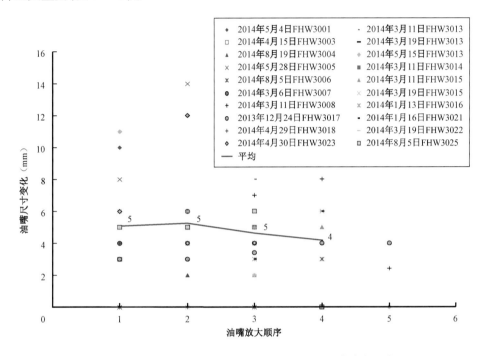

图5-20　Ⅲ类油藏典型区SAGD常规开发区油嘴放大尺寸

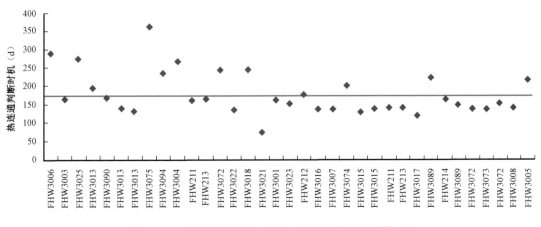

图5-21　Ⅲ类油藏典型区SAGD开发区热连通判断时机

6)油嘴放大程序对井筒压力变化的影响

统计油嘴逐级放大尺寸对井筒压降影响表明,连通性判断初期采用较小油嘴尺寸放大速率,然后逐级迅速增大的方式,可以取得更为明显的压降效果;而一开始油嘴便以较大尺寸放大,而后尺寸放大速率逐渐减小,反而有利于蒸汽在测试后期弥补压降损失,导致最终的压降幅度较小,影响判断(图5-26)。

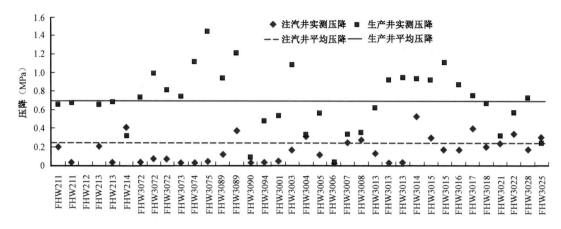

图5-22　Ⅲ类油藏典型区SAGD井组热连通判断过程中的注汽井和生产井压力降

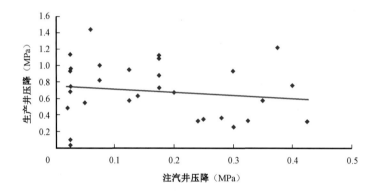

图5-23　Ⅲ类油藏典型区SAGD井组注汽井压降与生产井压降之间相关性统计

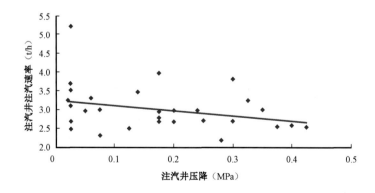

图5-24　Ⅲ类油藏典型区SAGD井组注汽井压降与注汽井注汽速率之间相关性统计

7)注汽井注汽速度波动对注汽井压力变化的影响

连通性判断过程中,注汽井注汽速度的波动直接影响到注汽井井筒内压力弥补,高注汽速度对应压力弥补较大,抵消了压力降,注汽速度降低则会加剧压降,注汽速度波动最终会使注汽井压力降落不明显,或无降落,或降落过快。

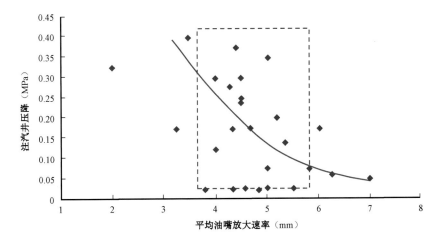

图5-25 Ⅲ类油藏典型区SAGD井组注汽井压降与生产井平均油嘴放大速率相关性

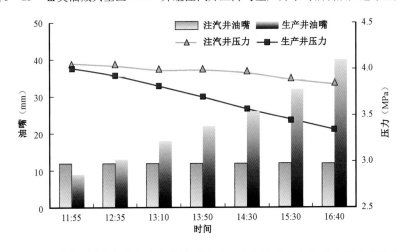

图5-26 不同时刻注汽井和生产井油嘴尺寸变化与注汽井和生产井压力变化关系

如图5-27所示,以FHW211井组为例,该井组经历三次连通判断,第一次(2013年9月4日):注汽井注汽速度变化为2.86t/h、2.92t/h、2.82t/h、2.74t/h、2.73t/h、2.35t/h、2.35t/h;注汽井压力变化为4.05MPa、4.05MPa、4.00MPa、4.00MPa、3.97MPa、3.90MPa、3.85MPa。最后两个点可见,注汽井注汽速度下降时,注汽井压力随之明显下降。第二次(2013年9月26日):注汽井注汽速度变化为3.31t/h、3.04t/h、3.08t/h、3.17t/h、3.08t/h、3.02t/h、3.05t/h;注汽井压力变化为4.275MPa、4.25MPa、4.225MPa、4.25MPa、4.15MPa、4.175MPa、4.25MPa。从第4个点可见,注汽井注汽速度从3.08t/h上升到3.17t/h时,注汽井压力从4.225MPa上升到4.25MPa。第三次(2014年1月16日):注汽井注汽速度变化为2.19t/h、2.11t/h、2.12t/h、2t/h、2.25t/h、2.27t/h、2.28t/h;注汽井压力变化为4.15MPa、4.15MPa、4.1MPa、4.1MPa、4.1MPa、4.25MPa、4.2MPa。从第4个点可见,注汽井注汽速度从2.0t/h上升到2.25t/h时,注汽井压力从4.1MPa上升到4.25MPa。

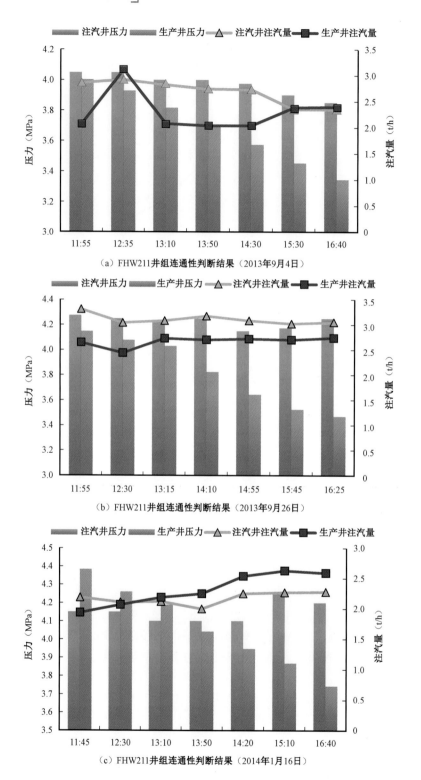

（a）FHW211井组连通性判断结果（2013年9月4日）

（b）FHW211井组连通性判断结果（2013年9月26日）

（c）FHW211井组连通性判断结果（2014年1月16日）

图5-27　Ⅲ类油藏典型区SAGD井组不同时刻连通性判断结果

8）连通性判断时机对注汽井压降的影响

如图5-28所示，统计SAGD开发区连通性判断时机对注汽井压降的影响可见，当前期等压预热超过100天以后开展连通性判断过程中，均出现不同程度的注汽井压降现象，表明已经出现压力连通；同时，连通性判断之前的预热时间越长，注汽井压降越大，表明有效注热越多，连通效果越好。

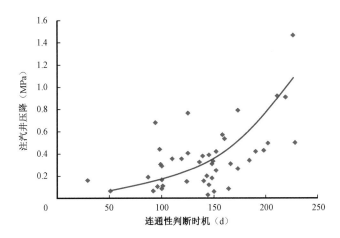

图5-28 Z32井区SAGD开发区注汽井压降与连通性判断时机相关性

9）前期平均注汽速度与累计注汽量对注汽井压降的影响

如图5-29和图5-30所示，以Ⅱ类油藏、Ⅲ类油藏典型区为例，对前期平均注汽速度与累计注汽量对连通性判断过程中注汽井压降的影响可见，当前期平均注汽速度高于52t/d、注采井累计注汽量大于5000t以后开展连通性判断，均出现不同程度的注汽井压降现象，表明前期注汽速度越高、蒸汽干度越高、传热效果越好，井间加热效果越好，压力连通越明显；同时，累计注蒸汽量越多，注汽井压降越大，表明井间加热效果越好，I、P井压力联动越明显。

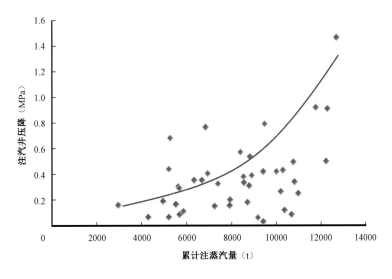

图5-29 SAGD开发典型区注汽井压降与判断前累计注汽量统计图

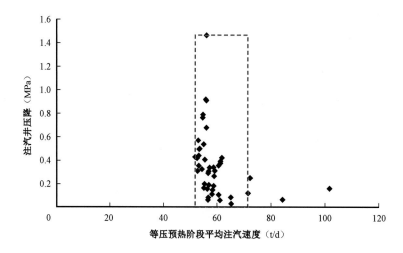

图 5 - 30　SAGD 开发典型区注汽井压降与判断前平均注汽速度统计图

2. 连通性判断机理

分别利用机理模型和实际井组模型,开展热连通判断机理研究。通过数值模拟对比不同阶段的压力联动下降特征(图 5 - 31),揭示出热连通判断机理为:生产井副管瞬间提液—生产井环空降压—注汽井和生产井等压平衡失效,注汽井和生产井水平段建立压力势—注汽井水平段降压—注汽井和生产井全井段压力联动。

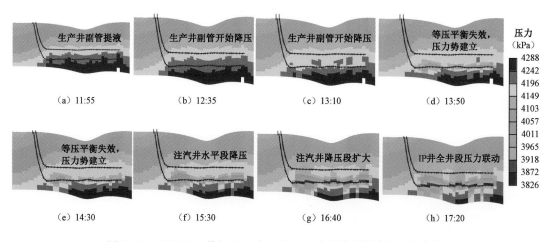

图 5 - 31　FHW211 井组 2013 年 9 月 4 日连通性判断井间压力变化

3. 连通性判断关键参数优化

以Ⅲ类油藏为例,优化连通判断关键参数,包括判断时机、注汽井和生产井注汽速度、连通性判断持续时间、油嘴放大程序优化。

1)连通判断时机

循环预热 100 天,从逐级放大生产不同时间的压力场可见,生产井筒外地层压力逐渐减小,但注汽井筒外压力不变,表明尚未连通。循环预热 110 天以后,水平段之间中部油层黏度降至500mPa·s以下(486mPa·s);从逐级放大的生产不同时间的压力场可见,注汽井筒外压力随着生产井筒外地层压力逐渐减小而降低,表明已经连通。

2)注汽井、生产井注汽速度

在前期等压循环预热单井注汽速度60t/d基础上,分别对比了连通性判断过程中注汽井、生产井注汽速度为40t/d、50t/d、60t/d、70t/d的连通性判断效果;连通性判断时间4.5h。根据模拟结果得到三点认识:

(1)注汽速度越高,连通性判断过程中蒸汽对压力降的弥补作用越明显,注汽井降压效果越差。

(2)注汽速度的波动影响注汽井降压,从而影响连通性判断。

(3)当注汽速度小于50t/d,蒸汽靠比热容的增加产生的压力增量难以补偿压力势带来的压力降,注汽井的压力将出现快速下降。

注汽速度过高,蒸汽比热容增加对压力补偿过大,注汽井压降不明显;注汽速度过低,蒸汽干度损失越大,回流入注汽井副管的干度越低,井筒越容易积液。

综合蒸汽状态方程、注汽井井筒内物质平衡方程、蒸汽高压物性参数,以注汽井连通性判断前井筒压力4.2MPa,总压降0.2MPa计算,综合计算出注汽井合理的注汽速度为55~60t/d,该速度下连通判断时间为4.5h,利用表5-4中的参数,对不同注汽速度条件下的注汽井副管压力补偿进行了计算,结果见表5-5。注汽速度55~60t/d下对注汽井副管附近井筒压力补偿为0.1~0.11MPa,不超过0.2MPa的注汽井预定压降,同时确保具有一定蒸汽干度。

根据理想气体状态方程进行如下推导:

$$pV = nRT \tag{5-1}$$

得到

$$p = \frac{nRT\rho}{M} \tag{5-2}$$

对式(5-2)两边取对数可得

$$\mathrm{d}p = \mathrm{d}\left(\frac{nRT\rho}{M}\right) \tag{5-3}$$

式中　P——气体所受压力,Pa;

　　　V——气体的体积,m³;

　　　n——气体的摩尔数,mol;

　　　R——气体常数,8.314J/(K·mol);

　　　ρ——气体的密度,kg/m³;

　　　M——气体的摩尔质量,kg/mol。

表5-4　注汽井副管附近井筒压力补偿计算参数

参数	初始值	热连通判断结束值
蒸汽压力(MPa)	4.2	4.0
蒸汽温度(℃)	254.735	251.879

参数	初始值	热连通判断结束值
蒸汽比热容（kg/m³）	0.046	0.0485
压缩因子	0.815	0.821
水平段长度（m）	400	
水平段截面积（m²，减去主管厚度截面积，副管截面积忽略）	0.01969	
水平段井筒蒸汽体积（m³）	7.87	

表5－5　注汽井副管附近井筒压力补偿计算结果

注汽井注汽速度 （t/d）	$\Delta\rho$ （m³/kg）	ΔT （℃）	注汽井副管压力补偿 （kPa）
40	0.0025	2.856	74.2
45	0.0025	2.856	83.5
50	0.0025	2.856	92.8
55	0.0025	2.856	102.0
60	0.0025	2.856	111.3
65	0.0025	2.856	120.6
70	0.0025	2.856	129.9
75	0.0025	2.856	139.1
80	0.0025	2.856	148.4
85	0.0025	2.856	157.7

3）连通性判断持续时间

连通性判断过程中，按照油嘴从10mm放大到40mm计算，每次调节时间为40min，分别对比了油嘴调节次数为3次、4次、5次、6次、7次到40mm的放大对连通性判断效果的影响。

（1）3次（2.0h）：10－20－30－40。

（2）4次（2.7h）：10－17－24－32－40。

（3）5次（3.3h）：10－16－22－28－34－40。

（4）6次（4.0h）：10－15－20－25－30－35－40。

（5）7次（4.7h）：10－14－18－22－26－30－35－40。

如图5－32所示，对比结果表明，时间太短，降压幅度有限，油嘴调节尺寸过大，不利于均衡降压；时间过长，则注汽井、生产井施压过久，易窜；5～6次即能实现注汽井全段降压，推荐6次。

4）油嘴放大程序优化

在油嘴放大级数为6的条件下，分别对比了油嘴逐级放大尺寸为从小到大、均衡放大和从大到小的放大程序对注汽井压降的影响。如图5－33所示，从小到大的放大程序有利于在判断最后期间通过快速调节油嘴大幅降低注汽井水平段压力；从大到小的放大程序则由于在判断后期调节油嘴尺寸有限，注汽井有足够时间平衡井筒内压力，压降效果不明显；推荐采用从小到大的油嘴调节程序。

（1）从小到大：10 – 12 – 16 – 22 – 30 – 40；2、4、6、8、10。

（2）均衡放大：10 – 16 – 22 – 28 – 34 – 40；6、6、6、6、6。

（3）从大到小：10 – 20 – 28 – 34 – 38 – 40；10、8、6、4、2。

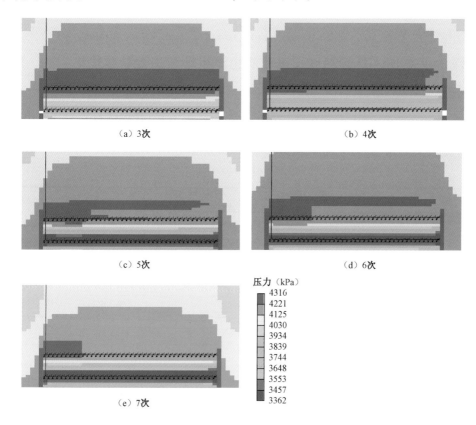

（a）3次 　　　　　　　　　　　　　　（b）4次

（c）5次 　　　　　　　　　　　　　　（d）6次

（e）7次

压力（kPa）
4316
4221
4125
4030
3934
3839
3744
3648
3553
3457
3362

图 5 – 32　油嘴调节次数对连通性判断期间压力的影响

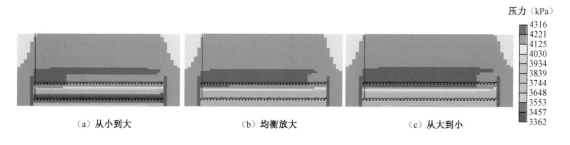

（a）从小到大 　　　　　　（b）均衡放大 　　　　　　（c）从大到小

压力（kPa）
4316
4221
4125
4030
3934
3839
3744
3648
3553
3457
3362

图 5 – 33　油嘴放大程序对连通性判断期间压力的影响

4. 连通性判断关键指标

根据上述优化结果，得到了以Ⅲ类油藏典型SAGD开发区油藏为代表的连通性判断关键指标：

（1）最早连通性判断时机：113 ~ 163d。

（2）注采井间中部平均原油黏度 500mPa·s。

（3）连通性判断期间注汽井合理注汽速度 55～60t/d。

（4）生产井注汽速度不变,平均 60t/d。

（5）油嘴放大级数:5～6 级。

（6）连通性判断时间:3.3～4h。

（7）油嘴放大程序:从小到大,10mm、12mm、16mm、22mm、30mm、40mm。

三、双水平井 SAGD 预热微压差泄油生产机理与关键参数优化

1. 微压差泄油操作参数与效果分析

微压差泄油的操作方法为:逐渐缩小直至关闭注汽井油嘴,改为注汽井只注汽不排液,生产井继续循环;由图 5－34 可见,其生产特征为:"一升、一降、三稳定"(油量升、含水降、注汽、产液、压差稳定)。

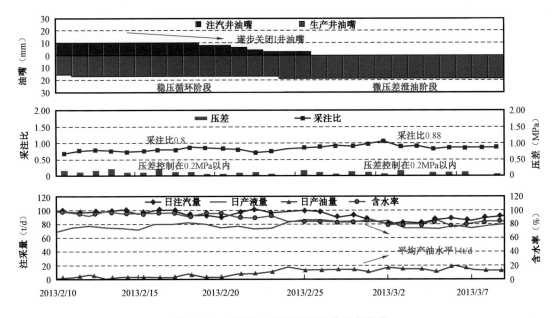

图 5－34　FHW116 井组循环预热生产曲线

1)微压差泄油时机

SAGD 开发区统计结果表明,微压差期间平均日产油随微压差泄油时机(微压差之前循环预热时间)的延长而提高,表明微压差前循环预热时间越长,注采井水平段之间原油黏度降低程度越大,越有利于井间泄油。已开发区块的微压差时机平均为循环预热 174～217 天不等(图 5－35)。

2)注汽井注汽速度

SAGD 开发区统计结果表明,微压差期间平均日产油量随注汽井注汽速度提高而增加。注汽井注汽速度越高,越有利于注采井间施加压差并产生泄油通道。需要注意的是,注汽井注汽速度过高,容易引起注采井间汽窜,导致微压差期间日产油量降低。以Ⅲ类油藏为例,当注汽井注汽速度高于 118t/d 后,日产油量迅速降低;因此,各区块应根据油藏特点制订合理注汽

速度,对于风城超稠油油藏而言,其注汽速度变化范围为 50～90t/d(图5-36)。

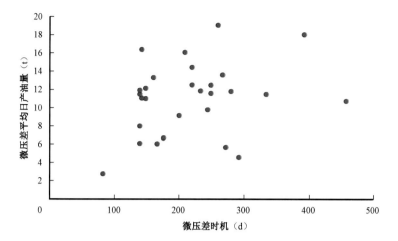

图 5-35 微压差泄油时机与微压差平均日产油量关系统计图

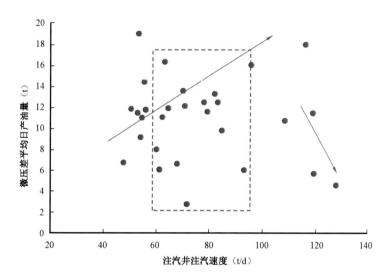

图 5-36 微压差泄油阶段注汽井注汽速度与微压差平均日产油量关系统计图

3)生产井注汽速度

统计结果显示,微压差期间平均日产油随生产井注汽速度提高而增加;生产井注汽速度越高,生产井排液速度也越高,生产井压力越稳定,注汽井、生产井之间的微压差平衡越不容易被打破;生产井采用较高的注汽速度,对于平衡生产井压力,缓解注汽井由于注汽速度过大造成的汽窜具有重要作用。以微压差泄油期间日产油量大于 10t 为界限,生产井注汽速度至少应在 60t/d 以上(图5-37)。

4)微压差采注比

微压差期间平均日产油量随采注比的增加而增加,以微压差平均日产油量大于 10t 统计,合理的采注比在 0.6～0.8。在微压差泄油阶段,由于泄油通道尚处于形成初期,此时应尽量严格控制采注比,以防不当的操作造成高渗透通道汽窜(图5-38)。

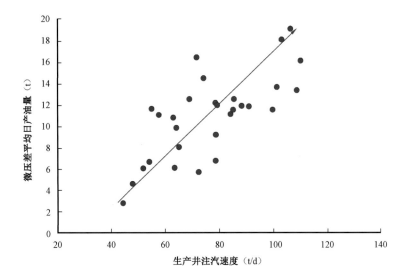

图5-37 微压差泄油阶段生产井注汽速度与微压差
平均日产油量关系统计图

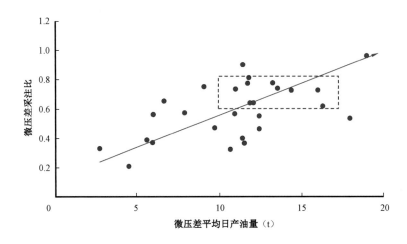

图5-38 微压差泄油阶段采注比与微压差平均日产油量关系统计图

微压差期间采注比对 SAGD 期间的生产效果具有重要影响,统计显示(图5-39),转 SAGD 后的日产油(液)量与微压差期间采注比总体呈正相关,但当微压差采注比大于0.8以后,转 SAGD 生产的产量均有所下降,因此,合理的微压差采注比在0.6~0.8。

5)微压差时间

总体来看,除个别井对重复实施微压差泄油导致时间较长外,延长微压差时间有利于提高微压差平均日产油与转 SAGD 期间的产量水平。SAGD 开发区实践表明,根据油藏条件不同,微压差泄油合理时间在20~50天(图5-40)。

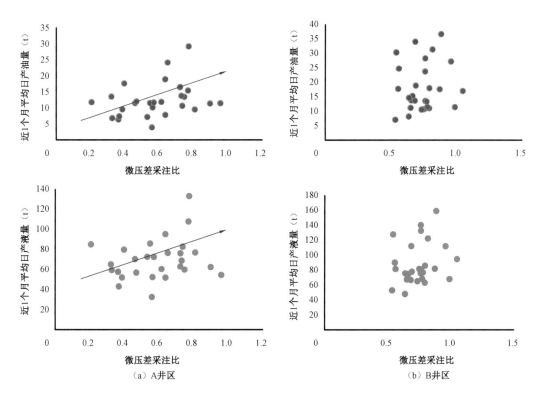

图5-39　微压差泄油阶段采注比与转SAGD生产后近1个月平均日产油量关系统计图

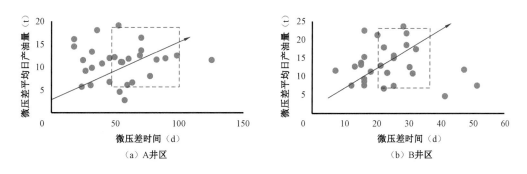

图5-40　微压差泄油时间与日产油量关系统计图

2. 微压差泄油操作方式影响

1）逆向施压的影响

微压差泄油过程中,正常的操作应当是注汽井对生产井施压,因此,逆向施压对微压差泄油阶段泄油段的形成具有重要影响。以 FHW211 井组为例,生产井压力升高,将导致生产井副管一周左右排液量减少,注汽井与生产井注入的蒸汽将大量进入油层,尤其生产井注入的蒸汽向上流动,在局部形成窜通,不利于井间均匀泄油。因此,在微压差期间,生产井井底压力应该保持稳定。

2）注汽点的影响

主力泄油通道均位于高渗透段,注采井间夹层严重影响泄油;为此开展了注汽策略研究,推荐采用就近注汽原则。以典型井组 FHW3013 为例,微压差泄油阶段井组长管注汽与仅短管注汽对比可见,短管注汽可促进低渗透段泄油通道建立(图 5-41、图 5-42)。

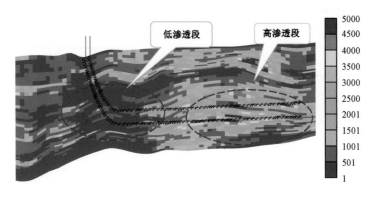

图 5-41　FHW3013 井组渗透率剖面

（a）长管注汽微压差泄油　　　　　　　　（b）短管注汽微压差泄油

图 5-42　长管注汽与短管注汽微压差泄油 30 天的温度场

通过对比优化注采井水平段之间不同的夹层及低渗透发育形态特征,形成了微压差泄油注汽策略:脚趾夹层时,采用长管注汽;脚跟夹层时,采用短管注汽;水平段中间夹层时,采用长短管同时注汽(图 5-43)。

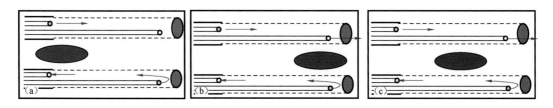

图 5-43　不同夹层位置对应的微压差泄油管柱结构组合

4. 微压差泄油操作参数优化

1）注汽速度

以 SAGD 井组 400m 水平段为例,注汽速度分别为 40t/d、60t/d、80t/d 时所需时间分别为 30d、20d、15d,推荐注汽速度为 60~80t/d。

2）注采井间压差

注采井间压差与井间储层物性与非均质性相关,井间物性越差,非均质性越强,压差越大。优化结果表明,井间渗透率500mD、1000mD、1500mD对应压差分别为0.6～0.8MPa、0.4～0.6MPa、0.2～0.4MPa。实际操作中压差的控制应严格参照油藏条件,坚决避免因不当的压差控制形成优先渗流通道。

3）注汽时间

不同黏度油藏微压差泄油所需注汽时间不同,其目的是使原油黏度降至100mPa·s甚至更低,具有非常好的流动性,渗流通道也得到巩固。根据风城油田不同油藏条件,以原油黏度和渗透率两项最核心的参数为依据,建立了微压差泄油时间图版(图5-44)。实际生产中可参考使用,如当井间有效渗透率为1000mD、黏度为10mPa·s时,微压差泄油33天;当井间有效渗透率为1500mD、黏度为5×10⁴mPa·s时,微压差泄油21天。

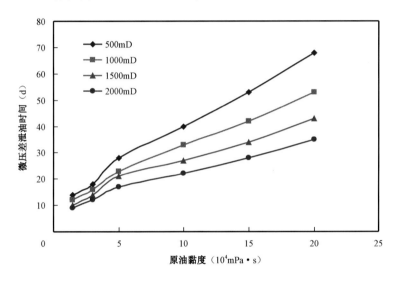

图5-44 微压差泄油时间图版

四、双水平井SAGD预热连通程度判断机理与关键参数优化

1. 连通程度判断方式

风城油田超稠油SAGD开发过程中,经过不断实践与探索,建立了完整的连通程度判断方法。具体包括试转SAGD法与焖井法,取两种判断结果的并集作为最终结果,即对于试转SAGD法与焖井法均不连通的点,认为不连通,其余则为连通,以下分别对两种方法进行阐述。

1）试转SAGD判断连通段方法

短时间内(一般为几个小时)将井组转为SAGD生产方式,即注汽井长管注汽,生产井短管生产,对于连通段:会出现B点至A点温度升高或相邻点温度变化趋势不一致。由于生产井筒内液体流动方向是由B点至A点,温度正常情况下是逐步降落的趋势,若某点有流体供给,则会产生热干扰,温度会略高于后一点,由此为依据进行连通判断(图5-45)。

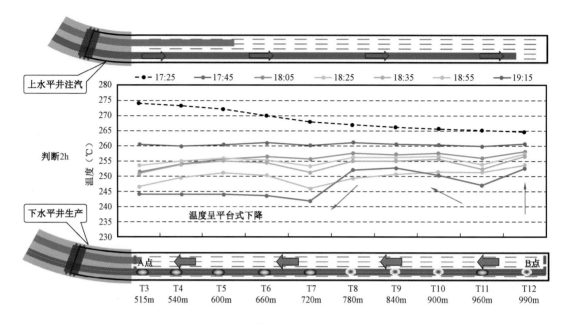

图 5 – 45　FHW213 井组试转 SAGD 连通程度判断图

2）焖井法判断连通段方法

注汽井保持循环状态，生产井焖井，对于连通段：会出现测温点温度先下降后上升或测温点温度高于邻点温度。以 FHW213 井组为例：试转 SAGD 连通程度判断结果显示，测温点 3、4、5、6、7、11 为不连通点，而焖井法显示只有测温点 3 不连通，综合判断除测温点 3 不连通外，其他点均连通，连通程度 88%（图 5 – 46、表 5 – 6）。

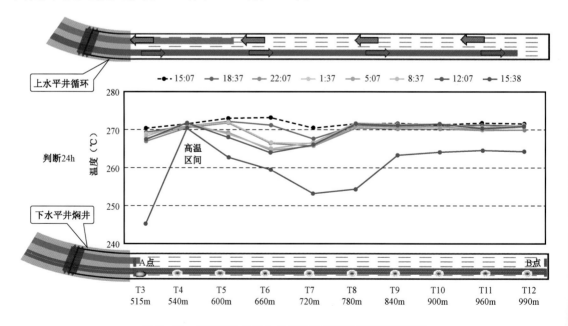

图 5 – 46　FHW213 井组生产井焖井期间连通程度判断图

表 5 - 6　FHW213 井组连通程度综合统计表

判断方法	是否连通										连通程度（%）
	测温点 3	测温点 4	测温点 5	测温点 6	测温点 7	测温点 8	测温点 9	测温点 10	测温点 11	测温点 12	
试转 SAGD 生产法	否	否	否	否	否	是	是	是	否	是	62
生产井焖井法	否	是	是	是	是	是	是	是	是	是	70.5
综合判断	否	是	是	是	是	是	是	是	是	是	75

转 SAGD 生产阶段生产井温度动态监测表明,蒸汽腔发育较差区域为 A 点附近,与热连通判断结果一致(图 5 - 47)。

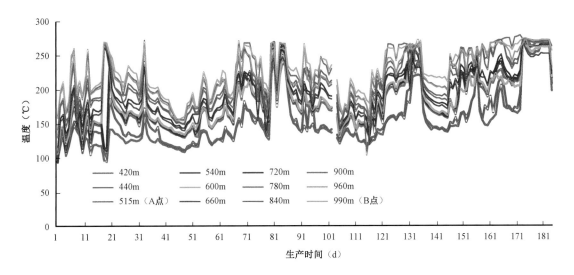

图 5 - 47　FHW213 井组转 SAGD 生产后生产井温度监测

2. 试转 SAGD 法连通程度判断机理

EXOTHERM 软件比 CMG - STARS 软件在管流与油藏耦合方面更精确,因此,利用 EXO-THERM 软件进行连通长度判断阶段的数模运算。根据计算结果,明确了试转 SAGD 法机理为:注汽井停排 + 生产井停注→井间建立流动压差→生产井液压齐升→不同段温度有所下降,温度差明显。

如图 5 - 48 所示,井间压力变化特征为:生产井停注后,注汽井和生产井之间压差从微压差泄油阶段建立的压差 80kPa 开始逐渐上升,2h 达到 150kPa,注采井间泄油势场完全建立,生产井大排量生产,产油量迅速上升。

如图 5 - 49 所示,产量变化特征为:生产井停注后,生产井排液有短暂停液排空,但 0.5h 以后生产井短管排液开始快速上升,2h 后排液量基本达到注汽井注汽量水平,产油量明显提升,含水明显下降,表明注采井之间泄油通道建立,开始重力泄油生产。

如图 5 - 50 所示,生产井沿程温度变化特征为:从均匀蒸汽温度快速下降,温度差别越来越明显。当 A 点附近不连通时,从 B 向 A 点方向不连通段温度呈斜坡下降,但温度值与水平段总体差别较小。当水平段中部不连通时,中间不连通段温度受到来自 B 端连通段出液温度影响,往 A 端温度逐渐升高,但从向 A 温度升高趋势来看,存在明显的"温度低谷"。当 B 点附近不连通时,不连通段从均匀蒸汽温度快速下降,温度差别越来越明显,往 A 点方向温度则呈斜坡上升。

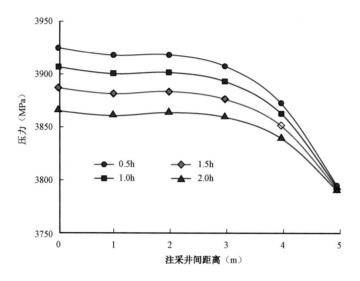

图 5-48　试转 SAGD 不同阶段注采井间压力变化

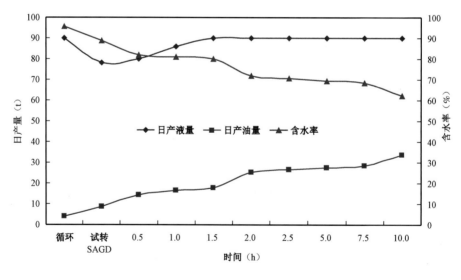

图 5-49　试转 SAGD 过程中产量变化特征

3. 试转 SAGD 法操作参数优化

1)注汽井注汽速度

模拟结果表明,注汽井注汽速度越高,生产井压力反应越迅速,产量上升速度越快,为了不导致汽窜,所需的判断时间越短,误差越大;因此,为确保判断时间不小于 2 小时、同时防止判断期间的汽窜,注汽井注汽速度在整个水平段干度不小于40%的前提下,优选为70~90t/d(图5–51)。

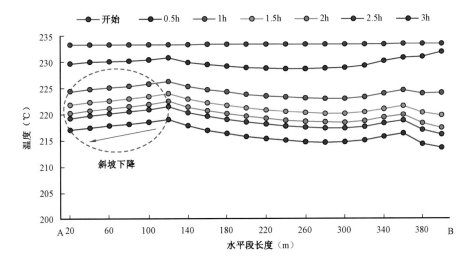

图5–50 试转SAGD过程中沿程温度变化特征

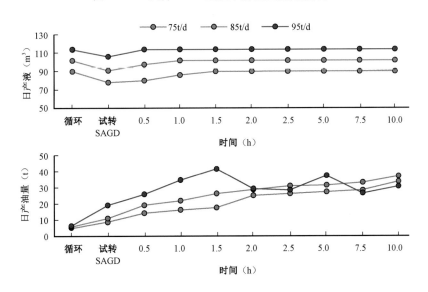

图5–51 不同注汽速度对应日产液量变化情况

2)生产井排液速度

生产井排液速度即井组采注比。由于判断时间为2小时,以注汽速度80t/d、采注比1.3计算,阶段排液量仅为8.7t,从模拟结果来看,2小时短期采注比的变化对产量和含水率影响较小,但试转SAGD并非真正的生产阶段,为避免实际操作过程中局部引流导致的汽窜,判断期间应严格限制采注比,合理的采注比为1.1~1.2(图5–52)。

3)注汽井和生产井之间压差

在一定的注汽速度与采注比条件下,注汽井和生产井之间的压差取决于注汽井和生产井水平段储层的有效渗透率与原油黏度。在平均原油黏度小于100mPa·s的前提下,渗透率与压差成反比。当井间水平有效渗透率平均值为 $1 \sim 1.5D$ 时,对应的合理注汽井和生产井间压差为 $120 \sim 480kPa$(图 $5-53$)。

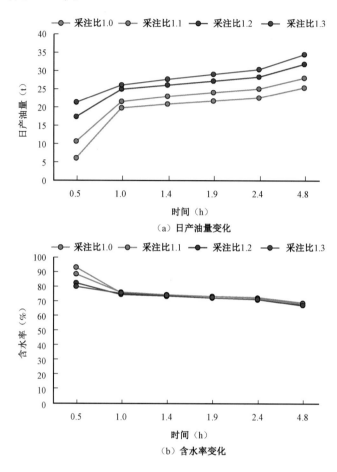

(a) 日产油量变化

(b) 含水率变化

图 $5-52$　不同排液速度对开发效果的影响(注汽速度:80t/d)

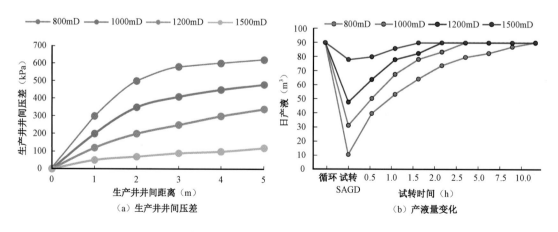

(a) 生产井井间压差

(b) 产液量变化

图 $5-53$　不同储层渗透率对开发效果的影响(试转 SAGD 时间:2h)

4）试转SAGD时机（注采井间原油黏度）

在一定的注汽井和生产井水平段储层有效渗透率条件下,井间原油黏度越大,注汽井和生产井间注采压差越大,越容易造成局部优势连通;试转SAGD的时机应至少确保注汽井和生产井水平段之间储层原油黏度达到100mPa·s以下(图5-54)。

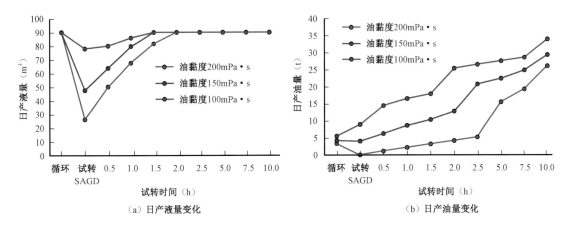

图5-54　不同井间最低油黏度对开发效果的影响

5）试转法时间

与转入SAGD生产不同,试转法并非在注采井间建立正式的泄油通道开始重力泄油,而是建立压力势,使得注采井间的冷凝水和热油流入生产井,因此,试转期间生产井温度总体下降。以FHW3021井为例,该井试转时间达35小时,但从温度监测曲线看,生产井温度快速下降,平均下降了30℃,且连通段与不连通段温差增大。试转SAGD判断时间过长,水平段温差增大,加上注汽井持续注汽,容易增加汽窜风险,因此试转SAGD法判断时间不宜过长,平均为2小时(图5-55)。

4. 焖井法连通程度判断机理

根据焖井法期间操作程序以及温度场与原油黏度变化特征,得到焖井法机理为:生产井关井＋注汽井循环→连通段热补偿＋不连通段热损失→连井水平段温度差建立。如图5-56所示,焖井法判断期间的井间温度变化特征为:随着焖井时间延长,由于单纯的热传导难以弥补生产井井筒向油层底部热损失,生产井水平段温度总体下降,但温度差变化明显,连通段受热传导更多热量补充,温度差下降较慢;不连通段热传导热量补充少,温度差下降逐渐加快。

如图5-57所示,焖井法判断期间的井间黏度变化特征:焖井之前注汽井与生产井连通段之间黏度在100mPa·s以下,随着焖井时间的延长,生产井井筒附近黏度逐渐上升,生产井水平段之间的黏度差逐渐增大。

如图5-58所示,当水平段B点附近不连通时,生产井水平段温度呈三段式分布:注汽井短管对应的A点以后100m,由于循环预热阶段注汽井短管排液,使得注汽井井筒内该段无蒸汽分布,加热效果略差于水平段中;焖井期间该段温度比中部温度略低;水平段中部由于已经充分加热,温度下降较慢;B点附近100m水平段由于不连通,注汽井循环热传导热量补充少,温度下降逐渐加快。

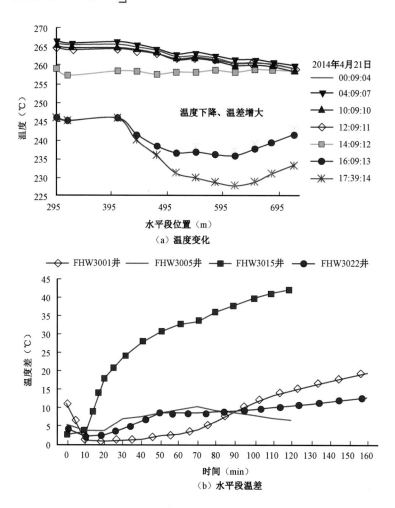

（a）温度变化

（b）水平段温差

图 5 - 55　FHW3021 井试转时间对井温的影响

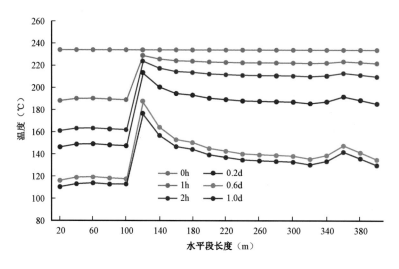

图 5 - 56　焖井不同阶段生产井沿程温度变化

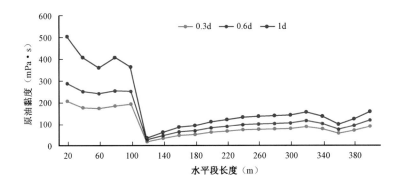

图 5 - 57　焖井不同阶段生产井沿程黏度变化

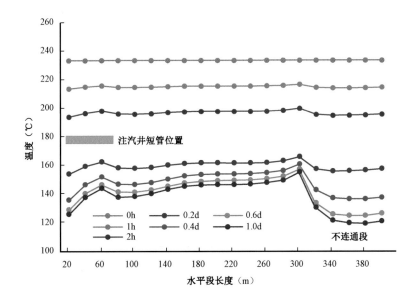

图 5 - 58　焖井不同阶段生产井沿程温度变化

如图 5 - 59 所示,当水平段中部不连通时,生产井水平段温度同样呈三段式分布:A 端与 B 端由于循环预热连通好,温度下降慢,尤其 B 点附近微压差泄油阶段长管注汽使得该段加热效果比 A 段更好,温度略高;水平段中部则由于不连通,注汽井循环热传导热量补充少,温度下降逐渐加快。

5. 注汽井循环、生产井焖井操作参数优化

1) 注汽井注汽循环速度

利用井筒管流计算软件与井组模型,对注汽井循环、生产井焖井期间注汽井注汽速度的影响进行了沿程干度及温度场计算(图 5 - 60、图 5 - 61)。注汽井注汽循环速度主要影响生产井热量与温度补偿,当注汽井短管返回蒸汽干度 10% 以上,注汽井井筒内无积液时,注汽井水平段温度均匀,对生产井水平段可实现均匀供热补偿温度降。当注汽井短管返回蒸汽干度小于 10%,注汽井 A 点附近蒸汽难以举升返回流体,存在积液时,A 端过度加热,对生产井 A 端

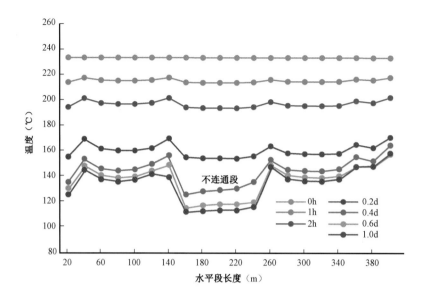

图5-59　焖井不同阶段生产井沿程温度变化

的温度补偿更大，A端温度下降幅度减小。相同初始温度下，焖井期间注汽速度对生产井温度总体影响不大，5m井距的热补偿速度慢，确保注汽井短管返回蒸汽干度10%以上即可；根据管流计算，最低注汽速度为50t/d。

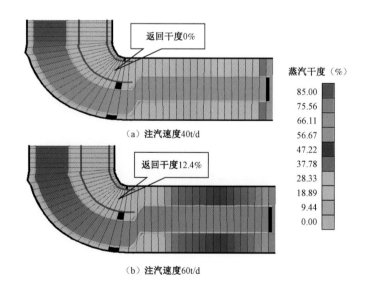

图5-60　不同注汽速度下的注汽井沿程蒸汽干度

2）焖井时机

如图5-62所示，由于等压预热阶段井间主要依靠热传导升温，生产井近井地带地层沿程温度差别较小，转入注汽井循环、生产井焖井时的生产井水平段温度变化小，难以有效判断连

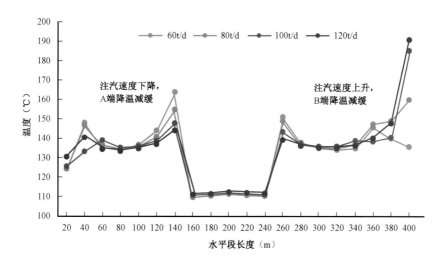

图 5-61 注汽井注汽速度与生产井沿程温度变化关系

通。微压差泄油加速了连通段传质与升温,生产井近井地带地层沿程温度差逐渐变大,转入焖井判断后生产井水平段温度差别明显,判断精度较高。因此,推荐焖井法判断的最早时机为:微压差泄油量在 10 天以上时。

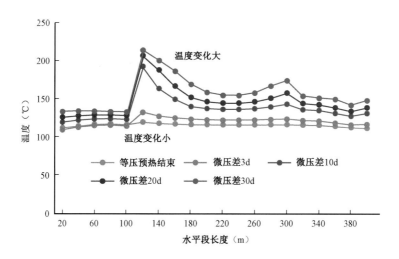

图 5-62 不同焖井时机的生产井近井地带温度

3)焖井阶段注汽井操作压力

如图 5-63 所示,注汽井提高操作压力,将促进更多蒸汽从连通段进入油层,促进连通段与不连通段温度分化;注汽井减小操作压力,热油和进入油层的蒸汽及冷凝水被排出,生产井温度差减小,不利于连通程度判断。因此,建议注汽井合理的操作压力在微压差泄油阶段注汽井压力的基础上上浮 0.5MPa 左右。

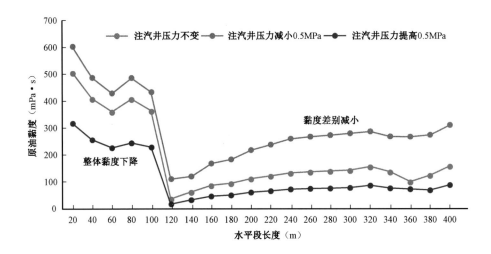

图 5 - 63　不同操作压力下的焖井结束时刻生产井沿程黏度

4）焖井时间

焖井时间越长，生产井井筒沿程温度差越明显，但总体温度下降幅度越大，黏度差别也越大，不利于转生产后汽腔均匀发育；焖井 1 ~ 2.5 天，在 A 端不连通情况、B 端不连通情况及中部不连通情况下，黏度大于 100mPa·s 水平段分别占水平段总长的 35% ~ 85%、30% ~ 65%、30% ~ 70%；建议焖井时间 1 天，最多不超过 1.5 天（图 5 - 64）。

五、循环预热关键参数图版

为方便现场应用，根据风城油田 SAGD 开发油藏特点，建立了循环预热降黏时间图版和微压差泄油循环预热时间图版。

1. 循环预热降黏时间图版

在循环预热阶段，通过分别控制黏度和渗透率两个参数，对原油黏度降至 200mPa·s 所需的时间进行统计分析。由图 5 - 65 可见，对于超稠油Ⅲ类和Ⅳ类油藏：当渗透率小于 750mD 时，渗透率的变化对循环预热时间影响较大；当渗透率大于 750mD 时，黏度对循环预热时间稍有影响；而渗透率的变化对预热时间影响较小。对于超稠油Ⅰ类和Ⅱ类油藏：黏度是循环预热时间的主要影响因素。

当黏度降至 200mPa·s 后，开始启动微压差泄油循环预热（国外称之为 Semi - SAGD）。对其将黏度降至 100mPa·s 所需的时间进行统计分析。对于超稠油Ⅰ类和Ⅱ类油藏，其预热连通时间一般为 120 ~ 170 天；对于超稠油Ⅲ类和Ⅳ类油藏，其预热连通时间一般为 200 ~ 300 天。由图 5 - 66 可见，当地层渗透率小于 750mD 时，渗透率的变化对循环预热时间影响较大；当地层渗透率大于 750mD 时，不同的原油黏度对降黏时间影响较大。但总体来讲，原油的黏度对循环预热时间起主导影响作用。

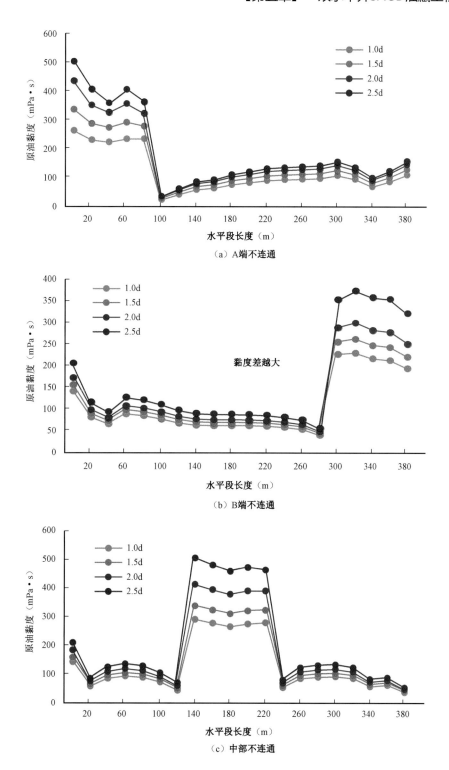

图5-64 不同连通情况下的生产井焖井时间与生产井井间原油黏度变化关系

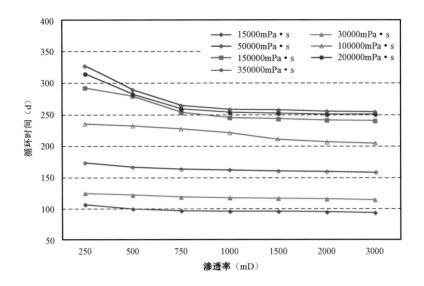

图 5 - 65　黏度降至 200mPa·s 的循环预热时间

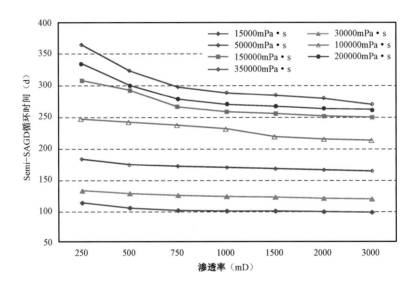

图 5 - 66　黏度降至 100mPa·s 的循环预热时间

2. 微压差泄油循环预热时间图版

微压差泄油循环预热时间图版如图 5 - 67 所示,对于超稠油 Ⅰ 类和 Ⅱ 类油藏,所需时间一般为 5 ~ 10 天;对于超稠油 Ⅲ 类油藏 10 ~ 20 天。例如,原油黏度为 10×10^4 mPa·s 时,微压差泄油循环预热时间为 9 ~ 12 天。

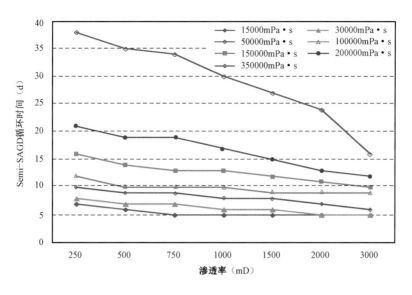

图 5 - 67　Semi - SAGD 循环预热时间

第四节　双水平井 SAGD 生产阶段优化设计

以典型Ⅲ类油藏为例,SAGD 生产阶段注采参数主要针对 SAGD 生产阶段操作压力、注汽速度、Sub - cool 及采注比等参数进行优化。

一、操作压力优化

SAGD 生产阶段操作压力即指蒸汽腔压力,主要有低压与高压两种操作方式。低压操作与高压操作具有不同优点与缺点。

1. 低压操作方式

(1)在较低的操作压力下,油藏的温度较低。砂岩基质只被加热到一个较低的温度,其所需的能量随之降低,因此可以获得一个较高的油汽比。

(2)当油藏温度降低时,产出液中的二氧化硅含量较低,可以降低处理费用。

(3)H_2S 的产出量随着温度的降低而明显减少,可以降低对生产设备的腐蚀,减少环境污染。

(4)低压操作下,流体饱和温度低,对注采设备的损耗低,操作成本低。

(5)低压操作下,注汽能力较低,产液速度、采油速度低,经济效益变差。

2. 高压操作方式

(1)高压力操作对应着高蒸汽温度,有利于水平段均匀加热。

(2)转 SAGD 初期,高压力操作可以促进蒸汽腔顶部蒸汽指的形成,有利于蒸汽腔垂向发育。

(3)高压力操作必然带来高温产出液,热量损失较大,导致油汽比降低。

(4)二氧化硅含量与 H_2S 的产出量随温度升高而增加。

模拟结果表明,转 SAGD 初期及 SAGD 上产期操作压力主要影响 SAGD 上产速度与峰值产量,汽腔压力越高,蒸汽温度越高,原油黏度越低,泄油速率越快,峰值产量越高及峰值产量到来的时间越短;SAGD 稳产期和 SAGD 生产末期蒸汽腔到达油层顶部,操作压力越高,蒸汽温度越高,向顶底盖层的热损失也越大,从而降低蒸汽热效率和油汽比(表 5 - 7)。

表 5 - 7　不同 SAGD 操作压力生产效果对比

操作压力 (MPa)	SAGD 初期年采油速度 (%)	上产阶段年采油速度 (%)	稳产阶段年采油速度 (%)	SAGD 末期 油汽比
4.7	2.9	3.2	4.7	0.22
5.7	3.1	3.6	6.8	0.17
6.7	3.5	4.3	6.5	0.16
7.7	3.8	4.5	5.5	0.14

SAGD 生产操作压力调整策略为:SAGD 生产初期升压,SAGD 生产中后期降压(图 5 - 68);转 SAGD 初期操作压力控制在 4.7 ~ 5.0MPa;SAGD 上产阶段提升操作压力至 5.5 ~ 6.0MPa;当 SAGD 生产稳产阶段后,逐渐降低操作压力,将操作压力从 6.0MPa 下降至 4.5MPa;SAGD 生产末期为进一步降低操作压力,利用蒸汽凝结水闪蒸带来的潜热,将操作压力下降至 3.0MPa。

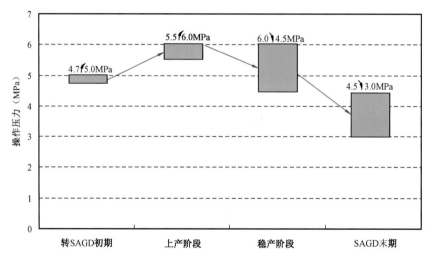

图 5 - 68　SAGD 生产阶段操作压力调整策略图版

二、注汽速度优化

模拟对比了不同水平段长度对应的 SAGD 峰值注汽速度。随着水平段长度的增加,SAGD 生产阶段的注汽速度增加。水平段 500m 稳产阶段井组注汽速度为 150 ~ 170t/d,对应的产液量为 200 ~ 220t/d;当水平段延长至 600 ~ 900m 时,为保证全井段有效供汽,注汽速度相应增加,一般每延长 100m,注汽速度增加 30 ~ 50t/d,对应的产液速度增加 40 ~ 70t/d,最高单井组产液量为 350 ~ 400t/d。

三、Sub - cool 优化

Sub - cool 是指生产井井底产液温度与井底压力下相应的饱和蒸汽温度的差值。为防止蒸汽突破到生产井,需要控制生产井井底温度,生产井井底温度要低于蒸汽的饱和温度。SAGD 生产过程中,一般要求 Sub - cool 温度范围稳定在一个适当的范围之内,来控制生产井的采出情况,以利于重力泄油。模拟结果表明,Sub - cool 越大,生产井上方的液面越高,越便于控制蒸汽突破,但是不利于蒸汽腔的发育(图 5 - 69)。从生产井的控制和蒸汽的热利用效率考虑,SAGD 稳产阶段 Sub - cool 温度范围以不超过 5 ~ 15℃ 为宜。

加拿大 SAGD 工业化开发项目中一般将 SAGD 控制在 5 ~ 20℃。实际上,Sub - cool 控制的合理值一直以来存在争议,根据油藏条件不同,控制手段和技术情况,各个项目均有所不同,因此,实际中应综合考虑取值。

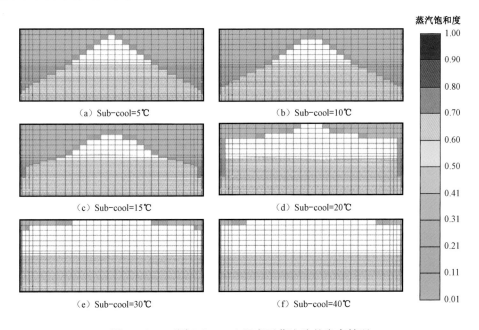

图 5 - 69 不同 Sub - cool 温度下蒸汽腔的发育情况

四、采注比优化

在 SAGD 生产过程中,生产井排液能力对 SAGD 生产效果影响较大,生产井必须有足够的排液能力,才能实现真正的重力泄油生产。如果排液能力太低,就会导致冷凝液体及泄下的油在生产井上方聚集,使注汽井与生产井间完全变为液相,甚至将注入井淹没,导致憋压,影响蒸汽腔的扩展,使得泄油速度下降,开采效果变差;如果排液能力太大,就会使汽液面进入生产井筒,一方面因蒸汽进入泵中导致泵效降低,另一方面会因产出大量蒸汽,降低热利用率,开采效果也变差。

模拟结果表明,采注比小于 1.2 时,蒸汽腔得不到有效扩展(图 5 - 70),注汽井被大量的液体淹没,降低了热利用率,从而油汽比大幅降低,当采注比大于 1.2 时,蒸汽腔得到了较好的扩展。生产实践显示,采注比大小与生产效果直接相关,实际生产中应合理控制采注比,一般要大于 1.2。

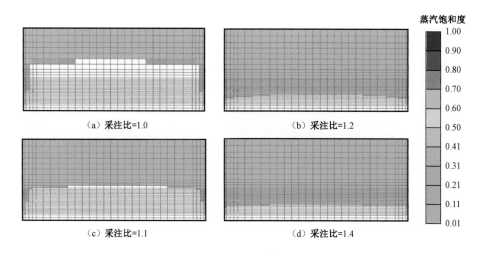

图 5 – 70　不同采注比下蒸汽腔的发育状况

五、SAGD 生产阶段操作要点

通过上述注采参数的优化,SAGD 生产阶段主要通过控制注汽井的注汽压力和控制生产井的产液速度(采注比),平衡 Sub – cool 温度,确保蒸汽能够顺利注入,排液相对顺畅,蒸汽腔扩展相对均匀(Li 和 Chalaturnyk,2005;Li 等,2009)。为达到以上目标,在转 SAGD 生产初期应遵守以下几点原则:

(1)转 SAGD 初期采用泵抽生产,严格控制采注比、Sub – cool 和生产压差以保持较高的液面(动液面 50m 以上)为基本原则,避免因采注比过大而造成局部汽窜,采注比小于 1.0。

(2)采用入泵 Sub – cool 监测与控制,为使转 SAGD 初期的操作稳定,保证连通井段均匀动用,初期的 Sub – cool 温度范围应严格控制在 10 ~ 15℃ 范围内,SAGD 稳定生产阶段 Sub – cool 温度范围控制在 5 ~ 10℃ 范围内。

(3)初期供液有限,应严格控制生产压差,降低点窜风险,使转 SAGD 生产初期操作自然过渡为正常的 SAGD 生产操作。

第六章　双水平 SAGD 开发调控技术与增产措施

国外双水平井 SAGD 生产调控技术始终处于保密状态,国内又缺少系统的研究,作为国内首个浅层超稠油双水平井 SAGD 试验,无实例可借鉴,SAGD 生产调控技术研究的难度相当大。本章通过综合分析储层非均质性、管柱结构和注采参数等影响因素,结合先导试验区跟踪数值模拟研究,形成了浅层超稠油双水平井 SAGD 优化调控技术,并成功应用于现场试验。同时,为实现油藏工程和生产调控要求,风城油田 SAGD 先导性试验采用了特色工艺配套技术:采用直井钻机完成了浅层超稠油双水平井 SAGD 钻井实施;在常规尺寸筛管中,完成了长管柱、短管柱和测试管的下入;在大曲率套管中,完成了大排量有杆泵的下入;采用过热蒸汽锅炉和高干度蒸汽锅炉,确保了注汽质量。

第一节　循环预热阶段优化控制技术

循环预热即双水平井注蒸汽进行循环,加热水平段周围储层,最终达到上下水平井段均匀热连通的目的。预热阶段一般步骤为:首先,在两口井中循环蒸汽,主要通过热传导向储层传递热量,该阶段要求蒸汽到达脚趾,保证全水平段有效热循环而均匀加热;随后,在两井之间施加合理压差 0.2 ~ 0.3MPa,一般通过降低生产井循环注汽压力实现注汽井对生产井施加压差,使井间原油往生产井流动,以对流传热方式加快井间的热连通,为转入 SAGD 生产阶段做准备。循环预热阶段的目标是促进注汽井与生产井均匀热连通,加快井间稠油产出,建立注汽井至生产井的渗流通道,最终转入上注下采的 SAGD 生产阶段。循环阶段实现均匀连通的关键参数为:(1)注汽速度;(2)井底蒸汽干度;(3)循环预热施加压差时机;(4)循环预热压差大小。

一、循环预热方法

1. 脉冲式吞吐

现场操作实践表明,脉冲式吞吐能够在换热、排液和有效降低操作压力等方面具有良好效果,同时,脉冲式吞吐操作间接实现了井间多频次施压和生产井在循环预热后期弱采的功能(Du 和 Wong,2007)。但存在施加压差大小不易控制的缺点,可能造成优先渗流通道,形成点通。通常此类方式的循环预热可划分为循环替液、脉冲式吞吐、压力转换、干扰试验判断连通4 个阶段(图 6 -1)。

2. 连续循环预热

Z37 井区 SAGD 试验区,水平井的双管结构有利于连续注汽与循环排液。注汽井与生产井循环预热采用长管注汽、短管排液。以 FHW207 井组为例,分析连续循环预热过程(图 6 -2)。

(1)低压注汽实现井筒均匀预热:该阶段自 2009 年 12 月 15 日注汽循环预热开始至 2010年 1 月 26 日,历时 40 天,平均注汽速度 45t/d,出液端未装油嘴,循环预热井口压力在 2MPa 左

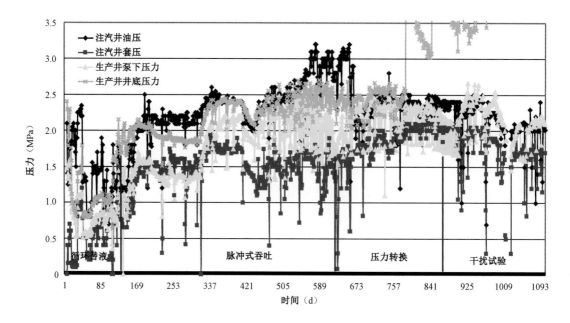

图6-1 FHW103井组循环预热压力变化曲线

右,两井间压差在0.3~1.0MPa之间,初步实现了水平井井筒附近均匀预热。

(2)施加压差促进井间连通:该阶段自2010年1月27日至3月31日,历时63d,平均注汽速度65~75t/d,出液端装油嘴施压促进连通,该阶段井口压力在3.0~4.0MPa之间,井间压差初期在0.4MPa左右,后期降为0.2~0.3MPa,预热阶段后期产液量增加,含油率约为10%,表明井间原油开始动用,逐步形成热连通。

该技术的优点是水平井段易均匀热连通,但尚存在井口排液温度高、热效率低及无法自动控制合理的施加压差等问题。

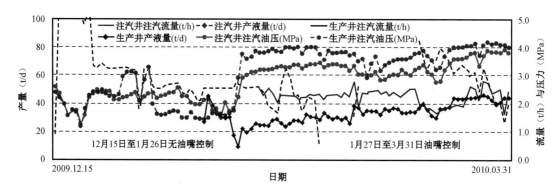

图6-2 FHW207井组循环预热阶段生产曲线

二、均匀热连通主要影响因素

均匀热连通的形成是循环预热阶段的最终目标,但在实际生产中可能受很多因素的影响。

1. 油藏非均质性

井间存在岩性或物性夹层容易形成热连通不均匀。FHW103 井组水平段跟端有厚16.8m 泥质砂岩层,物性较差(图6-3),该井组循环预热阶段此水平段未实现热连通。

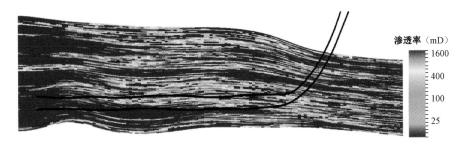

图6-3　FHW103 井组渗透率分布特征图

2. 管柱结构

采用全井段或较长的均匀配汽管柱注汽,在循环预热阶段由于注汽速度达不到设计要求,容易造成水平段尾端不见汽,难以形成有效热循环达到井间均匀加热的目的。井组水平段长度410m,注汽井跟端100m 未下管柱,水平段中部200m 为均匀配汽管柱,因此,注汽井有效循环预热为前半段,后半段见汽较困难,注汽井后端温度一直停留在40℃以下,未能形成有效的热连通。

3. 注汽速度

Z37 井区 SAGD 先导性试验区水平段500m,合理的注汽速度为100t/d。注汽速度偏小时,井间温度场发育不均匀,易造成水平段的指端温度高、跟端温度低;注汽速度偏大时,对井间区域温度升高影响较小,而返出液热量高、热利用效率低,同时易在斜井段或直井段压力损失大的地方发生闪蒸而造成"汽堵"。

4. 注汽干度

从 SAGD 地质油藏工程设计与优化中的数值模拟与试验区生产实际均可得出以下结论:井底蒸汽干度应大于75%。在相同的注汽速度下,干度越高,温度场分布越均匀,井间温度升高得越快,因此,蒸汽干度越高越好(Marx 和 Langenheim,1959;Hao 等,2014)。

5. 注采井垂向平行程度

注采井垂向平行程度对 SAGD 循环预热有极其重要的影响。FHW104 井组由于注采井间部分井段垂向距离偏小,循环预热阶段出现点连通,蒸汽突破,导致水平段连通不均匀,对转SAGD 生产产生不利影响。

6. 压差大小

施加压差偏小会延长循环预热时间,但压差过大则容易形成井间优先渗流通道(Ramey,1962;Spilette,1965)。因此施加压差不应过大,以0.2~0.3MPa 为宜。FHW200 井组由于 P 井生产管线堵塞物未及时消除,P 井长期对 I 井施加较高的压差(1.0~2.0MPa),造成多点局部连通。

7. 循环预热时间

循环预热时间偏少,井间稠油还不具备充分的流动性,若仓促地转为SAGD生产,易造成局部窜通,后期连通改善非常困难。根据数值模拟及两个试验区循环预热的经验,合理的循环预热管柱结构是:注采井均为双管结构,注汽井长管为隔热油管加内接箍油管,水平段后段打孔 $50 \sim 60m$,短油管为内接箍油管;采油井长管为内接箍油管加平式油管,短管为平式油管,测试管位于长管外;井口为三管井口。

循环预热分3个阶段:第一阶段,保证水平井筒周围均匀加热,初期注汽速度 $80 \sim 120t/d$,蒸汽干度大于75%,预热时间 $30 \sim 40$ 天,要求水平段全井段见汽;第二阶段,注汽井对采油井施压,注汽速度在 $80t/d$ 左右,采用合理的设备控制注汽井对生产井的压差在 $0.2MPa$ 左右,时间 $30 \sim 90d$;第三阶段,弱采及连通试验,在点通或连通段低于50%水平段时,不要急于转SAGD生产。

三、热连通判断方法

1. 数值模拟跟踪法

根据实际SAGD循环预热阶段的管柱结构及实际注采数据,通过数值模拟可以较准确地预测注采井之间的连通情况。风城SAGD试验区注采井连通的两个主要指标为:注采井井间温度达到100℃以上;注采井井间原油黏度降低至 $1000mPa \cdot s$。FHW103井组模拟结果显示(图6-4),经过100天的循环预热,基本达到热连通,具备了转SAGD生产的条件。

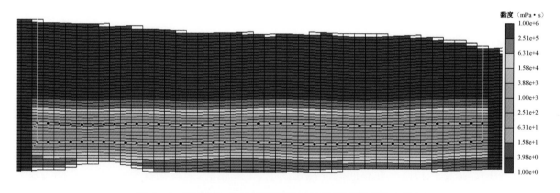

图6-4　FHW103井组循环预热100天原油黏度分布特征

2. 现场试验法

通过多次现场试验,形成了循环预热阶段注采井间热连通判断的有效技术。现场实际操作中,通过短期焖井操作,建立上下井间的压力波动,期间观察温度和压力的干扰作用,捕捉温度和压力数据拐点,从而判断井间热连通状况。在FHW103井组开展了4次温度、压力干扰试验,形成了有效的热连通判断方法并确定了最佳脉冲吞吐时间。

1)试验一

预热26天后,注采井施加压差作用23天,FHW103P单井关井时地层压力下降较井组关井缓慢(图6-5)。试验结果表明,生产井有外来压力传导和补充,温度下降缓慢进一步说明有高温液体自注汽井泄下,说明注汽井与生产井间有一定程度的连通。

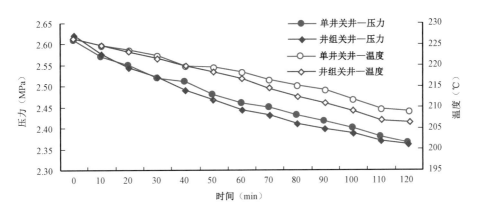

图 6 - 5 FHW103 井组温压干扰试验（一）

2）试验二

关 FHW103 井组 2 小时后打开 FHW103I 井，8 小时后打开 FHW103P 井。期间每 10min 记录一次井下温度、压力及井口套压变化情况，试验结果如图 6 - 6 所示。

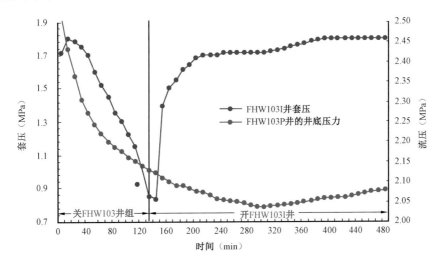

图 6 - 6 FHW103 井组温压干扰试验（二）

试验数据显示，在 FHW103I 井开井 3 小时后（即 FHW103P 井关井 5h），FHW103P 井的井下压力由下降转为缓慢上升，在随后 3 小时内上升 0.042MPa（2.036 ~ 2.078MPa）。通过该试验结果产生两点认识：（1）FHW103I 井开井循环注汽 3 小时内，FHW103P 井的井底压力无响应，由此可知该井组不存在优势渗流通道，表明循环预热正常；（2）FHW103I 井循环注汽 3 小时后开始对 FHW103P 井的井底压力有影响，使 FHW103P 井的井底压力缓慢回升，表明该井组井间已经形成热连通。

3）试验三

开 FHW103P 井套管排液 10 小时，排液期间泵下压力和套压稳定（图 6 - 7）。

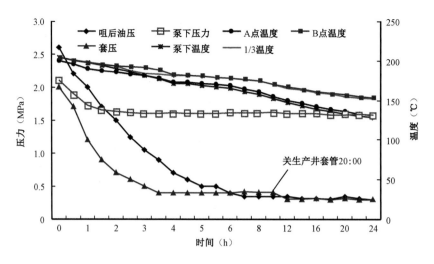

图6-7 FHW103井组温压干扰试验(三)

由此判断FHW103P井开套管排液期间井底有持续外来压力补偿,说明生产井上方有持续供液,井间形成热连通。

4)试验四

FHW103P焖井40min后,井下温度和压力出现明显转折点(图6-7),温度下降趋势趋缓,泵下压力基本保持平稳状态。FHW103井组焖井前后产液量分别为72.9t/d和95.3t/d,焖井后排液量明显增加,表明上、下水平井间有一定程度的连通。焖井后压力开始趋于稳定的现象也表明,井下有效换热效率较高,因此将脉冲吞吐时间优化为2小时。

四、热连通长度判断

连通长度主要是通过水平段温度变化来判断。一般采用3种方法:一是通过转换注采点观察井底温度变化;二是在注汽井注汽、生产井焖井时,观察生产井井底各温度点的温度变化,如果该点温度不变或下降缓慢则认为该点附近区域井间连通较好,下降迅速则认为不连通或连通差;三是对于井下未下温压测试的井组,P井焖井时通过温度测试剖面判断连通位置。

以FHW207井组为例,该井组转换注采点时,生产井的井下温度变化不同(表6-1),通过观察井下温度高点和出液温度变化,分析认为FHW207井组连通段为361~566m,即水平段前1/2连通。

表6-1 FHW207井组转换注采点与井下温度变化表

注采方式	出液温度(℃)	276m处温度(℃)	361m处温度(℃)	466m处温度(℃)	566m处温度(℃)	666m处温度(℃)	766m处温度(℃)	276m处压力(MPa)	666m处压力(MPa)	温度变化
A点注、B点采	155	202	209	227	231	213	208	2.60	3.11	温度高点在466m、566m
	155	185	198	219	223	174	163	2.37	2.85	
	150	194	205	224	222	183	178	2.46	3.00	
	175	196	207	226	226	187	181	2.50	3.03	

续表

注采方式	出液温度（℃）	276m处温度（℃）	361m处温度（℃）	466m处温度（℃）	566m处温度（℃）	666m处温度（℃）	766m处温度（℃）	276m处压力（MPa）	666m处压力（MPa）	温度变化
A点注、B点采	175	200	213	234	234	223	207	2.55	3.09	温度高点在466m、566m
	175	202	205	228	232	210	202	2.36	2.83	
A点注、A点采	170	182	225	227	234	223	205	2.33	2.79	温度高点在361m、466m、566m，出液温度高
	200	236	240	237	238	183	161	2.64	3.08	
	225	238	240	234	240	172	150	2.86	3.11	
	220	205	230	224	243	140	118	2.75	3.24	
	185	204	234	228	242	133	110	2.85	3.32	
B点注、A点采	185	195	216	214	239	129	109	2.83	3.32	温度高点在566m
	180	198	223	226	242	120	100	2.82	3.32	
	180	198	224	226	242	120	100	2.83	3.32	
	190	199	226	229	242	118	99	2.88	3.34	
B点注、B点采	185	207	212	225	218	160	152	2.80	3.34	温度高点在466m、566m
	185	206	215	231	232	192	192	2.80	3.35	
	185	207	217	234	238	218	214	2.80	3.35	

第二节　SAGD 生产阶段优化调控技术

风城油田齐古组油藏属辫状河沉积，储层非均质性严重。尽管在 SAGD 先导性试验初期充分考虑了储层非均质性的影响，但监测资料显示，SAGD 先导性试验区循环预热结束后仍不同程度存在点通或连通段短的问题，给转 SAGD 生产带来诸多不利因素。突出表现在以下几个方面：（1）注采井间热连通程度差异大，水平段有效动用程度低；（2）注采井间生产压差大，重力泄油作用减弱；（3）汽液界面控制难，Sub-cool 波动大，生产井井筒易闪蒸；（4）蒸汽腔扩展速度缓慢，采注比较低，产量上升缓慢。

在静动态资料综合分析的基础上，结合跟踪数值模拟研究，制订了 SAGD 生产阶段调控技术路线：以改善井间连通、提高水平段有效动用程度为首要任务；降低注采井间生产压差，充分发挥重力泄油作用；提高 Sub-cool 范围，抑制生产井井筒闪蒸；分析储层非均质性、管柱结构和注采参数对蒸汽腔扩展影响，确定影响 SAGD 蒸汽腔发育的主控因素，制订蒸汽腔发育的调控策略。

一、改善注采井间热连通

1. 依据热连通模式制定工作制度

结合温压监测资料和生产管柱结构，将 Z32 井区、Z37 井区 SAGD 先导性试验区的连通状况划分为 3 类连通模式（图 6-8）。

1) 模式一

长井段连通模式:水平段连通长度大于50%,注采井管柱结构合理。采取的工作制度是保持液面,控制 Sub－cool 范围。

2) 模式二

一端连通模式:水平段连通长度小于50%,注采井管柱结构合理。采取的工作制度是对应注采,改善连通。

3) 模式三

多段汽窜模式。水平段连通长度小于50%,注采井管柱结构不合理。采取的工作制度是交叉注采,控制汽窜。

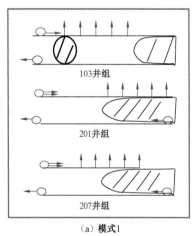
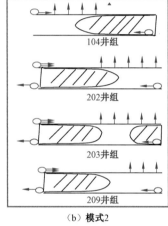
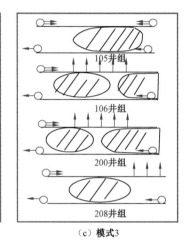

（a）模式1　　　　　　　　（b）模式2　　　　　　　　（c）模式3

图 6－8　连通模式划分情况

2. 依据井组分类特点制订调整措施

依据静态、动态分析结果,开展井组细分类,制订各井组增汽提液、改进管柱结构等分类治理措施,提高水平段动用程度。

1) 井组分类标准

充分考虑影响 SAGD 井组的静态因素和动态因素,将井组分为3类(表6－2)。其中,静态因素包括夹层分布情况、注采管柱灵活性等,动态因素包括水平段动用长度、产液量大小、Sub－cool 控制程度、汽窜程度、沿水平段蒸汽腔发育情况。

（1）一类井组分类标准:物性夹层平均厚度小于1m,且延伸长度小于100m;注采管柱基本可调,水平段动用长度大于总长度的二分之一;产液量大于120t/d;Sub－cool 温度范围为5～15℃,易控制;井对之间不易汽窜;沿水平段蒸汽腔发育均衡。

（2）二类井组分类标准:物性夹层平均厚度1～2m,且延伸长度100～200m;注采管柱基本可调,水平段动用长度为总长度的1/4～1/2;产液量100～120t/d;Sub－cool 温度范围为0～5℃,较易控制;井对之间较易汽窜;沿水平段蒸汽腔发育较均衡。

（3）三类井组分类标准:物性夹层平均厚度小于1m,且延伸长度大于200m;注采管柱基本可调,水平段动用长度大于总长度的 1/2;产液量小于 100t/d;Sub – cool 温度范围为 5 ~ 15℃,易控制;井对之间不易汽窜;沿水平段蒸汽腔发育较均衡。

以风城油田 SAGD 先导性试验区为例,各个井组的分类情况见表 6 – 2。

表6 – 2　风城油田 SAGD 先导性试验区井组分类标准

井组分类	静态因素		动态因素				
	夹层分布	管柱灵活性	动用长度	产量情况 (t/d)	sub – cool 温度范围	汽窜程度	沿水平段汽腔发育
一类井组 FHW103 FHW201 FHW207	物性夹层,厚度 <1m,延伸 <100m	基本可调	> 水平段长度 1/2	>120	5 ~ 15℃,易控	不易汽窜	均衡
二类井组 FHW208 FHW209 FHW105 FHW106	物性夹层,厚度 1 ~ 2m,延伸 100 ~ 200m	基本可调	水平段长度 1/4 ~ 1/2	100 ~ 120	0 ~ 5℃,较易控	较易汽窜	较均衡
三类井组 FHW203 FHW200 FHW104	物性 + 成岩夹层厚度,延伸 >200m	可调余地小	< 水平段长度 1/4	<100	0℃,难控	汽窜频繁	不均衡

2) 井组分类分治措施

一类井组近期调控措施是提汽增液、扩大蒸汽腔;远期调控措施是上机采设备、泵下带尾管或下入内衬管,增加水平段后端动用程度(表 6 – 3)。

二类井组近期调控措施是高压操作,进一步改善注采井间连通程度;远期调控措施是上机采设备、泵下带尾管或下入内衬管,改善水平段后端动用程度(表 6 – 4)。

三类井组近期调控措施主要是通过交叉注采,抑制汽窜,通过高压操作,进一步改善注采井间连通程度;远期调控措施主要是上机采设备,改变自喷方式,降低闪蒸概率(表 6 – 5)。

表6 – 3　一类井组分类治理措施

井组	连通段位置	连通段长度 (m)	注采井间压差 (MPa)	注采方式	现场难点	近期调控措施	远期调控措施
FHW103	水平段	200 ~ 240	>0.5	A 点注汽,A 点泵抽	水平段后 1/3 没有动用	增汽提液	上机采设备,泵下带尾管或下入内衬管
	中前段						
FHW201	水平段	240	0 ~ 0.2	B 点注汽,B 点自喷	水平段后段动用程度低	增汽提液	
	前半段						
FHW207	水平段	240	0.1 ~ 0.2	B 点注汽,A、B 两点自喷	水平段后段动用程度低	增汽提液	
	前半段						

表6-4　二类井组分类治理措施

井组	连通段位置	连通段长度（m）	生产井间压差（MPa）	注采方式	现场难点	近期调控措施	远期调控措施
FHW105	水平段前段	150～200	>0.5	B点注汽，B点自喷	A点附近容易汽窜	提高操作压力	上机采设备，泵下带尾管或下入内衬管
FHW106	水平段前段	120～160	>0.8	B点注汽，A点泵抽	注采不平衡，压力无变化	生产方式不变	
FHW208	水平段前、后端	200	0.5～0.7	A点注汽，B点自喷	连通段改善效果慢，	提高操作压力	
FHW209	水平段后段连通，A点点窜	200	0.3～0.5	B点注汽，A点自喷	A点附近容易汽窜	提高操作压力	

表6-5　三类井组分类治理措施

井组	连通段位置	连通段长度（m）	注采井间压差（MPa）	注采方式	现场难点	近期调控措施	远期调控措施
FHW203	水平段中段	100	0～0.2	I井两点注，P自喷	无法确定连通段	AB两点注、两点自喷	上机采设备，下泵转抽
FHW200	水平段A点和中段	70～100	0～0.2	A点注汽、B点自喷	产量低，易汽窜	B点注汽、B点自喷，提高操作压力	
FHW202	水平段中后部	120	0.3～0.4	AB两点注、AB两点自喷	操作不稳定	AB两点注、A点自喷，提高操作压力	
FHW104	水平段前端	70～100	0～0.1	A点注汽、B点自喷	A点易汽窜，后段动用程度低	增汽提液	下内衬管转抽

采用分类分治措施，井组水平段动用程度有较大幅度的提高，井下监测资料显示，水平段动用长度百分比由措施前的41%提高到措施后的64%（表6-6）。

表6-6　试验区各井组措施前后连通状况变化表

井组	水平段长度（m）	措施前动用长度（m）	措施前动用长度百分比（%）	措施后动用长度（m）	措施后动用长度百分比（%）
FHW103	400	240	60	300	75
FHW104	400	100	25	300	75
FHW105	403	200	50	300	74
FHW106	400	200	50	300	75
FHW200	490	70	14	140	29
FHW201	500	240	48	325	65
FHW202	450	120	27	200	44

续表

井组	水平段长度 （m）	措施前动用长度 （m）	措施前动用长度百分比 （%）	措施后动用长度 （m）	措施后动用长度百分比 （%）
FHW203	300	100	33	200	67
FHW207	430	240	56	340	79
FHW208	450	200	44	260	58
FHW209	500	200	40	300	60
平均			41		64

例如：FHW208 井组未下温度测试设备，初期生产有汽窜现象，通过分类分治和注采参数优化，取得了较好的效果。钢铠式电缆测试结果表明，2010 年 11 月 9 日下温度测试后，观察到 A 点、B 点附近均有连通段，后通过优化注采点，改为 I 井 A 点注汽、P 井 B 点排液，通过油嘴优化，将采液端油嘴由初期的 16mm 逐级优化至 13mm，汽窜得到控制，经过长达 5 个月的稳定生产改善，2011 年 4 月 2 日再次下入温度测试发现 B 点附近连通明显改善（图 6-9）。

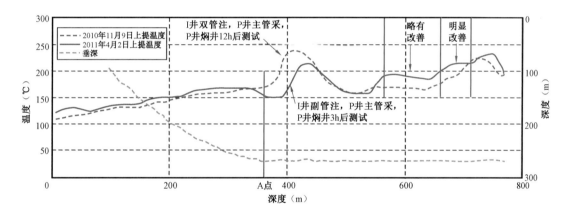

图 6-9　FHW208 井组连通改善判断

二、降低注采井间生产压差

SAGD 是以重力泄油为主要驱油方式，考虑到注采井间距 5m 的渗流阻力，注采井压差维持在 0.2MPa 以下可充分发挥重力泄油作用，而注采井压差大于 0.2MPa 时，蒸汽驱的作用会占主导作用，汽窜风险增大，可导致"排汽阻液"现象，引起产液量下降、含水上升、热损失增大等不良后果。生产实践表明，通过优化操作压力，采用高压定压操作方式，促使一定量蒸汽通过水平井段不断加热井间地层，逐步改善井间热连通，从而降低注采井间生产压差。以风城油田为例，FHW103 井组和 FHW105 井组采用此种调控措施，井间连通性得到了明显改善，连通压差分别由最初的 1.0MPa 和 0.7MPa 降低为 0.3MPa 左右（图 6-10、图 6-11）。

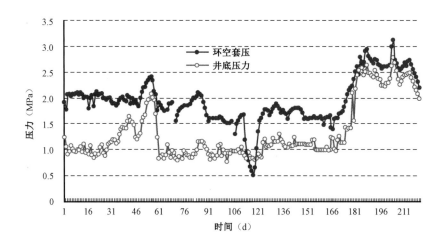

图 6 - 10　FHW103 井组连通压差变化情况

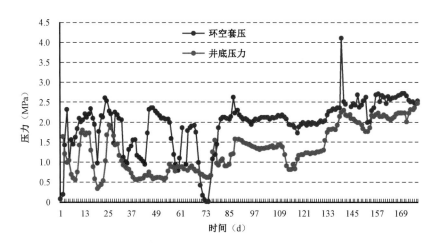

图 6 - 11　FHW105 井组连通压差变化情况

三、抑制生产井井筒闪蒸措施

蒸汽腔压力的大小及对生产井井下流体相态的准确判断,对于 SAGD 生产阶段稳定操作和控制至关重要,在 Z32 井区的 SAGD 实际操作中,总结出了一套以 Sub - cool 为主,结合蒸汽腔压力及井下相态综合判断生产状态的方法。

1. 蒸汽腔压力的判断

注汽井井筒压力基本代表汽腔压力,即操作压力。蒸汽进入环空前,其压力决定于井口注汽压力及管柱摩阻,另外还有井腔流体的密度影响,但作用很小。鉴于井腔内的介质为蒸汽,因此,在正常操作条件下,即注汽井无积液时,油管、套管压力之和的平均值即代表蒸汽腔压力。基于这种判断方法,现场可以很容易判断出当前的蒸汽腔压力,并随时观测其稳定性和细微变化(图 6 - 12 中 FHW103 井组蒸汽腔压力变化),以便调整。

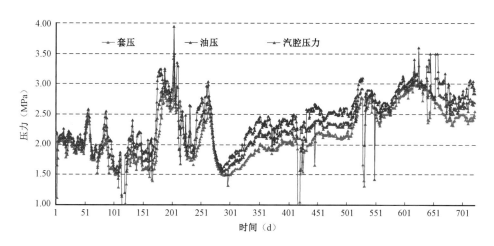

图 6 - 12 FHW103 井组汽腔压力变化曲线

2. 井下相态的判断

由于井下温度、压力的监测设备易发生故障,给生产状态的判断以及进一步采取调控措施带来困难。Sub-cool 范围的计算涉及井下压力及温度监测,一旦监测数据出现问题,则难以准确把握井下流体相态。在 Z32 井区和 Z37 井区 SAGD 的实际操作中,总结出了以井下 Sub-cool 范围为主,参考井腔视密度的综合相态判断方法,为生产状态判断提供了另一种保障手段。

1) 井腔视密度的计算

由于 Z32 井区和 Z37 井区的生产管柱各不相同,摩阻存在差异,加之井筒多相流态的复杂多变性,井腔密度的计算采用了简化算法,忽略了摩阻影响和流态变化影响,即以井下某点压力减去井口压力除以该点垂深所得数值作为井腔密度。基于此,对于压力分别为 2.0MPa 和 1.5MPa、油水混合液密度分别为 $0.98g/cm^3$ 和 $0.96g/cm^3$ 时,不同干度条件下的井筒视密度进行了计算,结果如图 6-13 所示。当含蒸汽的质量百分比达到 1% 时,即蒸汽干度 1% 时,井筒流体质量密度就会小于 $0.5t/m^3$;当含蒸汽的质量百分比达到 5% 时,即蒸汽干度 5% 时,井筒流体质量密度就会小于 $0.2t/m^3$。说明生产井一旦发生闪蒸或有汽窜迹象,井筒密度便会迅速下降。

2) 实例分析

以风城油田 FHW103P 井为例,该井的井下温度、压力测试均相对正常,对该井进行了计算分析。

对 99 个样本的分析认为(图 6-14a),自喷情况下,当 A 点 Sub-cool 温度小于 0℃,即井下汽相、发生闪蒸、没有液面时,井筒视密度平均值约为 $0.17t/m^3$,由此,一般情况下,当视密度不大于 $0.20t/m^3$ 时,认为井下闪蒸或汽窜。

77 个样本分析认为(图 6-14b),自喷情况下,当 A 点 Sub-cool 温度在 0~15℃时,即井下液相,液面接近 P 井时,井筒视密度平均值约为 $0.25t/m^3$,由此,一般情况下,当视密度不小于 $0.25t/m^3$ 时,认为井下相态正常,有液面。

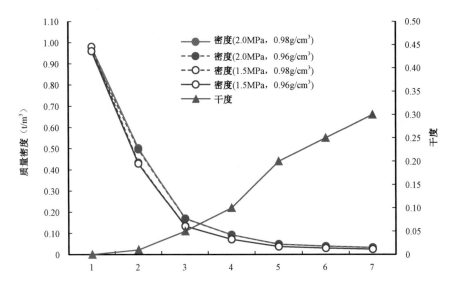

图6-13　SAGD自喷生产井井腔密度理论计算曲线

57个样本分析认为(图6-14c),自喷情况下,当A点Sub-cool不小于15℃时,即井下液相,液面较充足时,井筒视密度平均值为0.4t/m³,由此,一般情况下,当视密度不小于0.4t/m³时,认为井下液面较高,可适当放大产液速度。

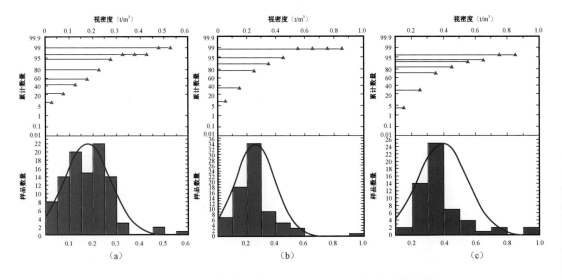

图6-14　FHW103自喷生产时不同Sub-cool下的密度分布状态

3)辅助判断参数

基于此计算,综合分析认为,以井筒视密度(井下某点压力-井口压力/该点垂深)作为参考,现场操作中,0.2t/m³是井筒视密度控制底线,低于该值,基本可以判断井下闪蒸或汽窜。

根据Sub-cool温度范围5~15℃下的经济效率最优原则,最优的控制应使井筒视密度保持在0.25t/m³左右。前已述及,摩阻和井筒流态的变化是影响这一判断参数的关键因素,因此,实际应用时可综合参考井口 Sub-cool 的温度范围,全面、精细地判断井下相态,最大限度地保证生产控制合理。

四、制订蒸汽腔发育的调控策略

SAGD 技术应用的核心是对蒸汽腔扩展和井底相态控制,通过蒸汽注入能力、地层吸汽能力、井间导流能力和井底举升能力的动态平衡调控,合理控制操作压力和注采压差的,优化注采点位置与生产压差的匹配关系,实现"阻汽排液"控制。蒸汽腔扩展受储层非均质性、管柱结构和注采参数等多种因素影响,需综合分析影响 SAGD 蒸汽腔发育的主控因素。

1. 影响因素分析

1）储层非均质性

储层构型研究表明,FHW202 井组脚趾附近上部发育较厚的成岩夹层,在脚跟处、水平段 1/3 处附近发育物性夹层(图 6-15),数值模拟显示对应段动用程度较差。蒸汽腔主要发育在 A 点前半段(图 6-16)。

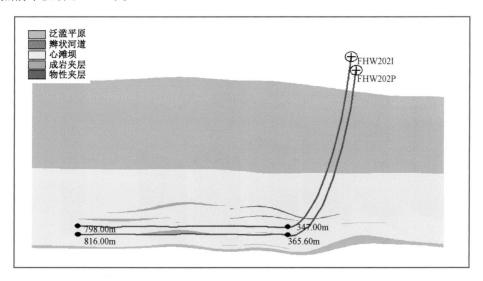

图 6-15　FHW202 井组储层构型剖面图

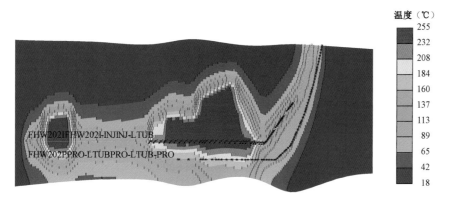

图 6-16　FHW202 井组温度场分布(数值模拟结果)

2）管柱结构影响

FHW207 井组注汽井采用点—段式注汽,注汽点主要位于水平段前部和中部(图6-17)。数值模拟显示,水平段前端蒸汽腔发育,而脚趾处约100m 因缺乏有效吸汽基本无动用(图6-18)。

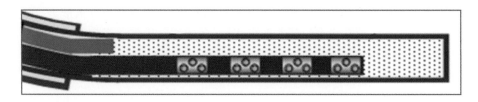

图6-17 FHW207 井组注汽井管柱示意图

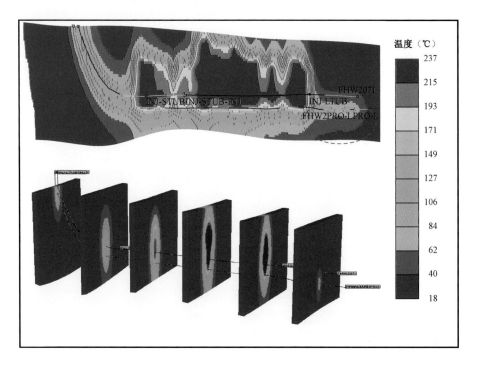

图6-18 FHW207 井组温度场分布(数值模拟结果)

3）储层非均质性和管柱结构综合影响

FHW203 井组注汽井采用点—段式注汽,注汽点主要位于水平段前部和中部,FHW203 井组跟端注采井间发育非渗透性夹层(图6-19)。数值模拟显示动用段主要在 A 点附近,水平段中部部分井段动用,水平段总动用长度150m 左右,蒸汽腔发育较差(图6-20)。

4）管柱结构、注采参数综合影响

FHW200 井组注汽井采用点—段式注汽,蒸汽腔主要集中发育在打孔段与 A 点之间,水平段动用长度在100m 左右。为改善蒸汽腔发育状况,通过数值模拟对注采参数优化,确定了合理的注采参数:注汽井主管注汽60~100t/d,套压不超过4.5MPa;生产井主管注汽、副管排液,套压不超过2.7MPa。

模拟结果显示:注采参数调整实施一个月后,水平段后端温度有明显上升;注采参数调整实施1年,水平段中—前部基本达到均匀动用,蒸汽腔发育明显,而水平段B点始终无法有效动用(图6-21)。

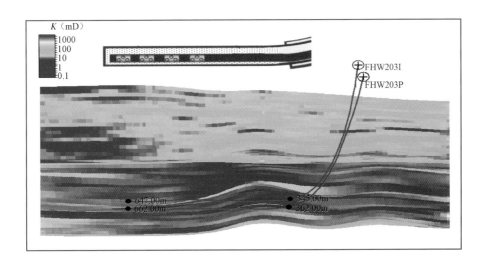

图6-19 FHW203井组储层构型剖面与注汽井管柱示意图

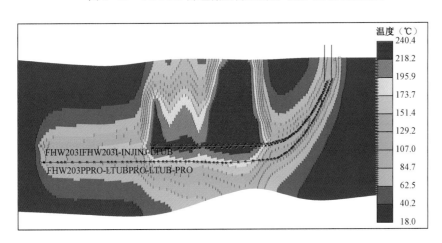

图6-20 FHW203井组温度场分布(数值模拟结果)

2. 调控措施

1)定压注汽与高压操作相结合

控制汽腔压力保持在2.0~2.6MPa(参考生产井井底压力,以注汽井套压代表汽腔压力),避免压力波动过大,原则上保证汽腔压力不超过3MPa。通过定压注汽与高压操作相结合,提高了汽腔扩展速度,增强了导流能力,进一步改善了井间的热连通性。

2)控制注采压差

正常生产时,注采压差(注汽井套压与生产井井底压力之差)尽量保持在0.2MPa左右。

现场操作中,通过关闭生产井或降低采液速度来实现。

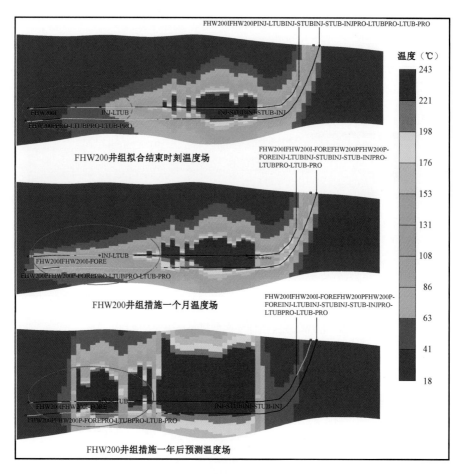

图6-21　FHW203井组温度场分布(数值模拟结果)

3)采用两点或一点注汽、两点或一点采油方式

FHW207井组自2010年4月5日转SAGD生产(图6-22),至6月26日,为了改善井间连通程度,采用水平井脚跟、脚趾两点注汽和生产井主副管同排的措施,生产井A点后300m井段温度升至235℃,连通效果变好。随后采用脚趾单点注汽,注汽压力控制在3.7MPa左右,日产液量由初期的88t逐渐上升到140t左右(2011年5月),日产油量由初期的15t上升至30t以上的水平,达到了稳压注汽、扩大汽腔、产液量稳定上升、连续生产的目的。

4)阻汽排液,稳定生产

SAGD生产中,采油井汽窜打破了井组采油、泄油、注汽的平衡,严重影响产油量,因此,及时发现与封堵汽窜是SAGD生产优化的首要工作。

从SAGD生产实践来看,井下蒸汽突破后有如下特征:

(1)采油井井口产量开始下降,产液温度升高,含水明显增加。

(2)水平井井底温度压力对应关系显示为汽相。

(3)产液量不增加的条件下,汽腔压力短时间稳定或开始下降。

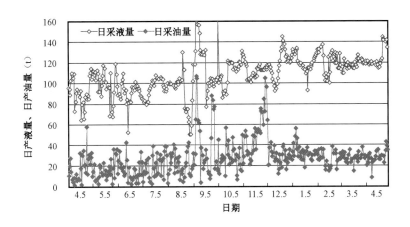

图6－22　FHW207井组转SAGD生产曲线

防止或降低蒸汽突破的措施：

（1）汽液界面控制在注采水平井间，保持有液面生产。

（2）注采点位置调整：采用两点注汽、两点采油的井下管柱，生产过程中调节注汽点、采油点位置，注采井点错开汽窜井段生产。

通过一系列的调控措施SAGD试验区运转趋于平稳，蒸汽腔在逐步扩大，泄油能力进一步增加。根据试验区调控实践，逐步形成了SAGD生产调控的原则，即综合协调蒸汽注入能力、汽腔扩展能力、井间导流能力、井底举升能力，采取"阻汽排液"手段，实现上部水平井稳压注汽，保证合适的热传递和蒸汽腔充分的形成与扩展，下部水平井稳定排液、连续生产。现场分析以生产井流动压力为基础温度点，产出流体的温度低于水的沸点温度5～15℃。操作方式以调整注汽速度和生产压力或抽油机冲次为主，必要时可短期关闭生产井。

第三节　蒸汽吞吐二次预热技术

SAGD预热阶段形成的连通状况在转入生产后会受储层非均质性、操作方式、生产制度、管柱结构等因素影响而进一步发生变化，且预热后的连通状况一般不可逆。通过引入吞吐预热的方式，在一定程度上起到了改善储层动用和促进蒸汽腔发育的作用，以下以风城油田FHW202井组为例，阐述该方法的应用及效果。

一、井组生产简况

FHW202井组于2009年12月18日开始注汽井与生产井同时注蒸汽循环预热，2010年7月18日结束预热，转入SAGD生产阶段，共计预热212天。生产初期累计生产667天，累计产油6696t，累计产液42958t，累计注汽59089t，阶段油汽比0.11。2011年9月期间，对该井组的生产井管柱做了调整：在生产井内下内衬管至水平段中部，注汽管柱结构不变，为长油管与短油管组合的平行管柱结构，其中在长油管后1/2水平段打孔（图6－23）。

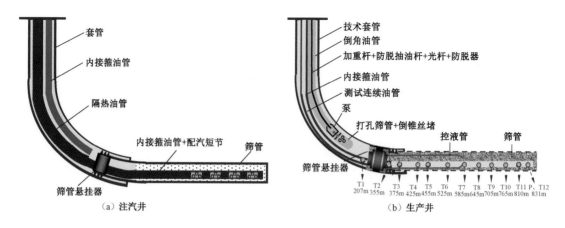

图 6－23　FHW202 井组注汽井与生产井管柱结构示意图

二、存在的主要问题

1. 管柱结构调整效果不明显

FHW202 井组管柱结构调整后,产液量由 90t/d 下降到 80t/d 左右,由于注汽量进一步下降,综合含水率有所下降,日产油量有所上升,但整体上升趋势不明显。受注汽速度的制约,SAGD 生产处于低速注汽、低速产液、蒸汽热利用率低的生产状态(图 6－24)。

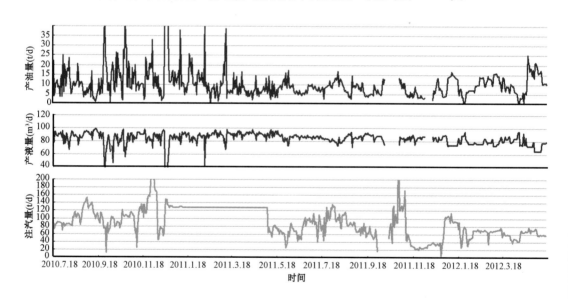

图 6－24　FHW202 井组生产动态曲线

2. 储层非均质性和不合理的操作方式共同影响蒸汽腔发育

储层特征研究结果显示,FHW202 井组脚趾附近上部发育较厚的成岩夹层,在脚跟及水平段 1/3 处附近注汽井上方发育物性夹层,数值模拟结果显示对应段动用程度较差。从注汽井与生产井的操作压力变化关系可见(图 6－25),注汽井与生产井水平段之间的注采压差长时间在 1MPa 以上,与国外成功 SAGD 开发经验的注采井间水平段压差不超过 0.5MPa 差别较大,高压差条件下的 SAGD 生产易在水平段局部造成蒸汽突破,从而产生汽窜。为降低汽窜影响,注汽量从转抽初期的 180t/d 下降到 2012 年 4 月份的 60t/d 左右。低速注汽带来的问题是蒸汽干度的进一步损失和蒸汽腔的扩展缓慢,由此进一步对 SAGD 生产造成了不利影响。

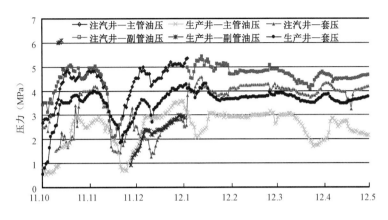

图 6 - 25　FHW202 井组注汽井与生产井操作压力变化关系

3. 不合理的工作制度加剧水平段动用不均

从注汽井与生产井的工作制度统计结果看,注汽井大部分时间为"主停副注"的注汽方式,远端注汽量少,主要是位于脚跟的副管注汽;生产井大量时间为"主排副停"的生产模式,而注汽井"主停副注"与生产井"土停副排"的组合模式对应的时间较短。根据该井组的蒸汽腔发育情况,水平段远端半段基本上无蒸汽腔发育,因此应适当增加注汽井"主停副注"与生产井主停副排的组合模式的注采时间,增加水平段远端的吸汽与排液,促使注采间的水平段远端建立起良好的泄油通道(图 6 - 26)。

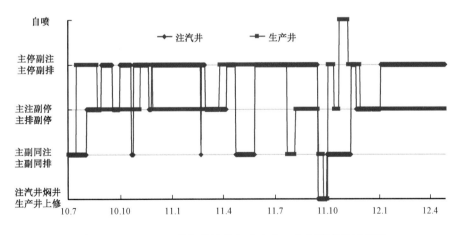

图 6 - 26　FHW202 井组注汽井与生产井工作制度变化示意图

4. 不合理的管柱结构导致远端不见汽

从生产井底温度监测结果可见,自 2011 年 9 月生产井管柱结构调整以来,沿水平段温度场有了一定程度的改善,但由于注汽井管柱结构未变,打孔管条件下的远端吸汽仍然困难,监测数据显示水平段765m以后的长度170m的水平段温度较低,无蒸汽腔形成(图6-27)。

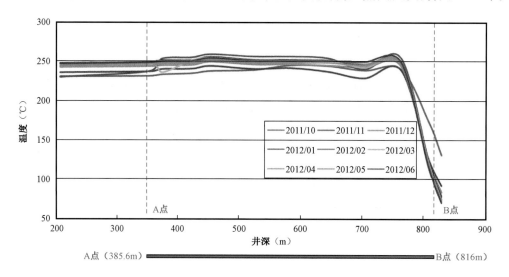

图6-27　FHW202井组生产井水平段温度监测变化曲线

三、二次吞吐预热方案设计

在以上认识的基础上,以改善水平段动用为根本目标,对该井组采取二次吞吐预热的措施。在历史拟合的基础上,采用数值模拟方法对二次吞吐预热技术的关键参数进行优化,主要包括注汽前的辅助措施、注汽速度、注汽压力、轮注汽量、采液速度和焖井时间。

1. 注汽前辅助措施

由于吞吐激励要求注汽井与生产井同时注汽、同时焖井、同时采油,因此,在注汽吞吐激励以前,需要开展以下工作与措施:

(1)重新将生产井井口的注汽管线与锅炉连接,具备注汽条件。

(2)检查注汽井与生产井的井下测温热电偶和毛细管测压计的准确性,确保措施过程的精确监测,水平段热电偶均匀分布,密度为2~4个/100m,如具备条件可采用光纤测取连续温度剖面,水平段脚趾、脚跟处各设置一个测压点。

(3)由于生产井注汽时从环空注汽,注汽井注汽时从长油管注汽,因此在注汽前,需要检测井口注汽总成的密封性。

(4)检查措施井组附近的直井监测井井下检测仪器的准确性。

2. 注汽速度

蒸汽吞吐激励的重要机理之一在于高速注汽剪切溶蚀泥质夹层。注汽速度较高时,局部注入的蒸汽自筛管进入油层,高流速憋压,使筛管外的夹层产生微裂缝,并在冲刷作用下溶蚀泥质夹层(Satter,1965;Leutwyler,1966;Willhite等,1966)。但如果注入速度过高,则会在浅层地层中产生水平裂缝,不利于突破注采井间的纵向夹层。因此,吞吐激励的关键在于合适的注入速度,既能通过多轮次高速注汽和回采突破夹层,又能避免压裂产生水平缝导致蒸汽窜流(Meyer,1989;Alves,1992;Hagoort,2004)。模拟结果表明,注汽速度越高,越有利于脚趾处注入的蒸汽进入油层,提高脚趾部位加热效果,但注汽速度太高,蒸汽进入油层需要的压力越高,越容易压破盖层;考虑到现场注汽井的实际最大注汽速度只有160t/d左右,因此,推荐注汽速度在160~180t/d。

3. 注汽压力

注汽压力在蒸汽吞吐激励过程中对泥质夹层岩石的突破具有重要影响,对应不同的SAGD蒸汽腔及水平段操作压力水平,在不同的注汽速度条件下,注汽压力不同。最高的注汽压力要确保所对应的蒸汽腔及水平段操作压力不使油层中产生水平裂缝。根据前期的注蒸汽诱发裂缝研究表明,操作压力在油层破裂压力0.5MPa以下,既可以确保不产生压裂裂缝,同时又能促使泥质夹层产生微裂缝,促进泥质夹层遇蒸汽溶蚀。因此,考虑到试验区油层破裂压力计算系数在1.8~2.2,油层埋深为240~260m,计算得到的平均油层破裂压力在5MPa左右。

利用多相管流计算软件,分别模拟计算了水平段操作压力在2.5MPa、3.5MPa、4.5MPa条件下,注汽速度在180t/d条件下的井口注汽压力(图6-28)。模拟结果表明,水平段操作压力分别在2.5MPa、3.5MPa、4.5MPa条件下,井口最大注汽压力分别为3.0MPa、3.96MPa、4.9MPa。因此,在注汽速度为180t/d的条件下,井口最高注汽压力为4.9MPa。

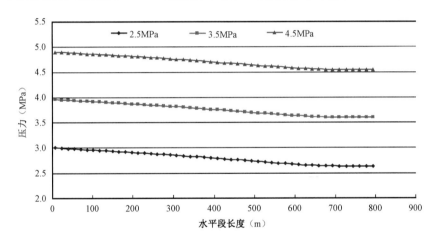

图6-28 不同水平段操作压力水平对应的沿程蒸汽注汽压力

4. 轮次注汽量

在注汽井与生产井单井注汽速度180t/d条件下,分别模拟了注汽2天、3天、4天、5天、6天、7天,即单井轮次注汽量分别在360t、540t、720t、900t、1080t、1260t条件下的油层憋压及蒸汽分布情况(图6-29、图6-30)。结果表明,周期注汽量越大,近井地带油藏压力憋压越高,大量蒸汽将进入原来已经发育的蒸汽腔,促进蒸汽腔向上突破,从压力剖面可见,在注汽速度为180t/d的条件下,当注汽时间超过6天后,盖层有被压裂的风险。因此推荐注汽6天,单井周期注汽量1080t,油层压力不大于5MPa。

5. 采液速度

回采过程中,确定最佳排液速度的关键在于两点:一是油管尺寸满足排液速度;二是排液过程中尽量不要在井筒内发生闪蒸。以回采流体温度为200~235℃作为温度范围,换算得到

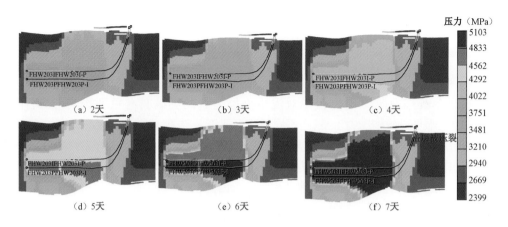

图 6-29 注汽过程中油层压力分布

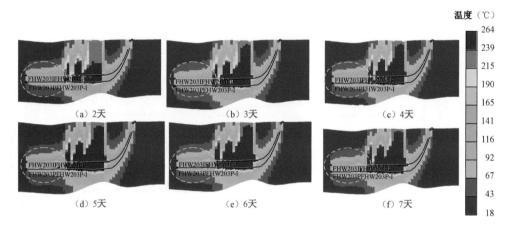

图 6-30 注汽过程中油层温度分布

回采流体发生闪蒸的最低压力值在1.45～2.95MPa,因此,当回采流体在油管内的流动压力小于上述最低压力值,则会在油管内发生闪蒸。为了确定回采流体不发生闪蒸的最佳排液速度,模拟了近井地带水平段操作压力4.5MPa条件下,排液速度分别为330t/d、250t/d、170t/d、90t/d条件下的水平井回采过程中的沿程压力分布(图6-31)。计算结果表明,当回采流体的排液速度为170t/d时,井口油管压力为3.0MPa(大于2.95MPa),小于该排液速度以后,井口油管压力进一步高于3.0MPa,回采流体从井底到井口均不会发生闪蒸。因此在实际回采过程中,综合考虑排液速度过高引起井筒内闪蒸,并参考FHW202井的生产历史,推荐控制井底排液速度在120～150t/d之间为宜。

6. 焖井时间

焖井时间越短,采出蒸汽越多,油层加热越不充分,溶蚀泥岩也越不充分;焖井时间太长,原来蒸汽腔中的蒸汽将会快速冷凝,而溶蚀的泥岩将会沉积在筛管外部,形成滤饼堵塞;因此,焖井时间确定的原则为既加热脚趾油层,同时又不影响原蒸汽腔的温度场和溶蚀黏土矿物的流动性;考虑现场回采井口调整与模拟结果,推荐焖井时间为2～3天。

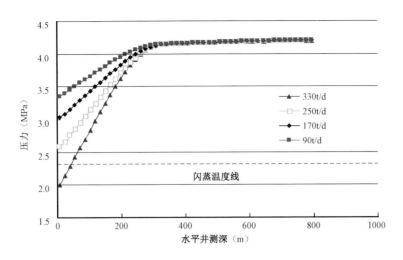

图 6－31 不同排液速度条件下油管排液过程中的沿程压力分布

7. 转轮指标

吞吐轮次确定的原则:脚趾部位注采井间加热温度与黏度达到要求。进一步吞吐,脚趾部位注采井间加热效果有限,注入蒸汽不断加热原蒸汽腔;推荐蒸汽吞吐 4 个周期,表 6－7 中给出了每个吞吐轮次的井组注采指标。

表 6－7 蒸汽吞吐激励过程中,不同轮次的井组注采指标

周期	累计注汽量（m³）	累计产油量（m³）	累计产液量（m³）	周期注汽量（m³）	周期产油量（m³）	周期产液量（m³）	周期油汽比（m³）
1	2095	401	2016	2095	401	2016	0.19
2	4255	913	4032	2160	511	2016	0.24
3	6415	1418	6047	2160	506	2015	0.23
4	8575	1914	8063	2160	496	2016	0.23

第四节 改善 SAGD 开发效果的增产措施

一、SAGD 双层立体井网开采技术

针对连续油层厚度大、夹层较发育的 SAGD 开发油藏,提出一种双层 SAGD 井网、立体交错部署的开发模式,并通过数值模拟研究进行验证和生产操作参数优化。以风城油田 Z 区块为例,探讨该技术的应用效果。

Z 区块位于新疆风城油田北部,为一个四周被断裂切割的完整断块,该区齐古组油层较为发育,平均油藏埋深 300m,50℃ 原油黏度平均 20000mPa・s,为典型的浅层超稠油油藏。SAGD 开发目的层齐古组 G1 层构造平缓,整体为一北西向东南缓倾的单斜,倾角 5°~8°,区内无断裂发育。齐古组 G1 层为陆相辫状河流相沉积,主体部位心滩发育,呈多期叠置,连续油层厚度大,平均油层厚度为 40m,储层物性好,孔隙度 30%,渗透率 1200mD,含油饱和度 70%,

属适于 SAGD 开发的优质储层。但垂向上发育不连续的夹层,多为泥岩、砂质泥岩等岩性夹层,厚度在 0.5~4.5m,平均值为 2.0m,局部发育泥质砂岩、泥质砂砾岩、钙质砂岩等物性夹层,厚度在 0.5~3.0m,平均值为 1.3m,采用常规 SAGD 部署方式问题较多。该区齐古组 G1 层于 2012 年起采用双水平井 SAGD 方式开发,生产实际表明,单一的双水平井 SAGD 井网在夹层普遍发育时蒸汽腔上升受阻,采油速度低,初期不到 3%;与此同时,夹层下部或上部油层实际储量动用率大幅减少,有效动用程度仅 50%~70%,降低了整体开发效果。

1. SAGD 立体井网设计

根据 Z 区块地质特征,结合前期 SAGD 开发存在的问题,建立了 1/2 井组的数值模拟机理模型,面积为 480m×40m,平面网格划分为 96×40 个,油层厚度为 40m,纵向上分为 40 个层,在此模型基础上进行立体井网设计。

SAGD 井网部署采用上下两层平面等距交错方式,为最大程度地利用油层,下层井网部署在油层底部,距离底部 1~2m,井距 80m;上层井网与下层井网平行交错部署,利于最大限度地提高蒸汽腔波及效率和扩展均匀性,同时,便于上部井网在后期被蒸汽腔淹没后继续注汽,以发挥蒸汽驱辅助和重力泄油相结合的驱泄复合作用。夹层不发育部位部署在油层中部,夹层发育部位部署在距离夹层底界 1~2m 处,井距 80m;与下层井网构成平面 40m 井距的立体井网(图 6-32)。

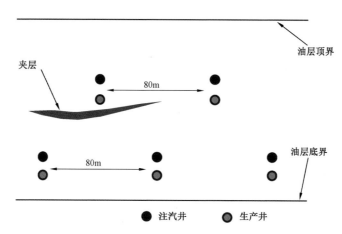

图 6-32 双层 SAGD 立体井网示意图

2. SAGD 立体井网的蒸汽腔发育模式

采用双层立体井网,SAGD 在预热启动阶段不会产生相互干扰,由于距离较远,原油在地层条件下基本无流动能力,井组间无压力传导。但转入生产阶段后,彼此的蒸汽腔会逐渐开始传热和传质,蒸汽腔发育过程不同于常规情况。从模拟结果看,双层立体井网条件下,SAGD 蒸汽腔呈现出"孤立发育—上升扩展—相互接触—聚并融合"的发育模式。

无夹层的情况下,上下井组的蒸汽腔首先各自独立发育[图 6-33(a)],随后开始垂向上升和横向扩展,上部井组蒸汽腔最先到达油层顶部并开始扩展,下部蒸汽腔随后到达顶部,之后开始扩展[图 6-33(b)],待上下蒸汽腔扩展到一定阶段后,汽腔边界开始接触[图 6-33(c)],直到完全聚并融合,汽腔不断下降,最终上部井组被完全淹没[图 6-33(d)]。存在夹层的情况下,上部井部署在夹层上方,蒸汽腔发育过程有所不同。在上部汽腔到达油层顶部并开始扩展时,下部井组的汽腔由于受到夹层阻挡,仅在夹层下部发育[图6-34(a)],但随着生产时间延长,汽腔逐渐绕过夹层发育[图6-34(b)],并与上部汽腔融为一体[图6-34(c)],随汽腔不断下降,最终上部井组被完全淹没[图6-34(d)]。从模拟结果看,立体井网有效地降低了夹层对SAGD开发的影响,提高了夹层上部油层的利用率,如为常规单层井网,夹层对汽腔的阻碍将明显降低SAGD整体开发效果。

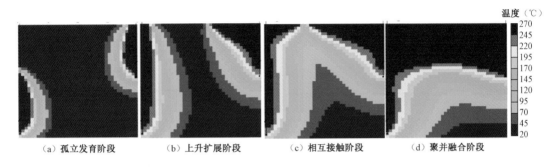

（a）孤立发育阶段　　（b）上升扩展阶段　　（c）相互接触阶段　　（d）聚井融合阶段

图6-33　双层SAGD开采4个阶段模拟温度场图(无夹层)

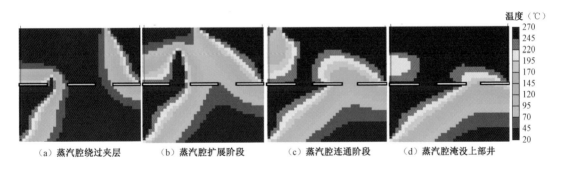

（a）蒸汽腔绕过夹层　　（b）蒸汽腔扩展阶段　　（c）蒸汽腔连通阶段　　（d）蒸汽腔淹没上部井

图6-34　双层SAGD开采4个阶段模拟温度场图(有夹层)

3. 生产操作方式的优化

对常规单层SAGD井网及双层SAGD立体井网进行数值模拟对比研究,其中双层SAGD立体井网开发后期分直接关闭上部井组和上部井组继续注汽($50\text{m}^3/\text{d}$)两种情况。从模拟生产结果看,双层井网井组日产油量由常规单层井网SAGD部署的63t/d上升到95t/d[图6-35(a)],年采油速度由5.7%上升到8.5%[图6-35(b)];生产后期上部井组继续注汽条件下,日产油量及年采油速度均高于关闭上部井组情况,常规单层井网SAGD部署条件下,井组采收率为60.0%,后期上部井组关井和继续注汽时,最终采收率分别提高到64.5%和68.4%[图6-35(c)],有效提高了蒸汽腔发育速度和储量利用率。开发后期,油汽比均略高于常规单层井网,上部井组继续小汽量注汽的情况下,油汽比相比直接关闭上部井网略低[图6-35(d)]。考虑开发的综合效益,建议在SAGD生产中后期上部井组可继续以小汽量注蒸汽,调整SAGD蒸汽腔,形成水平井汽驱辅助与重力泄油的双重作用开发效果,促使蒸汽腔波及范围进一步扩大,从而有效提高生产效果(Alves,等,1992;Hagoort,2004)。

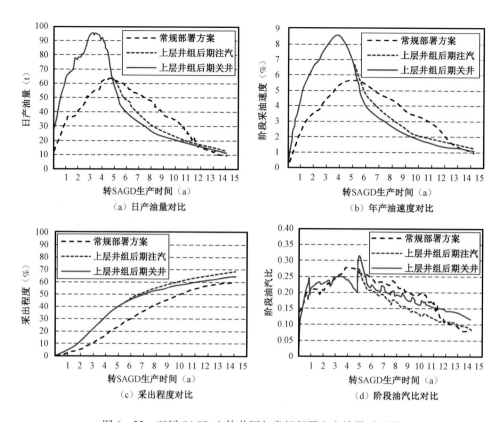

图6-35 双层SAGD立体井网与常规部署生产效果对比图

4. 实施效果与分析

2013年在风城油田Z区实施SAGD井组26对,采用双层SAGD立体井网,其中12对位于油层上部,14对位于油层下部。转为SAGD生产后,上层单井组平均生产时间241天,累计产油4387t,日产油18.2t,油汽比0.22,与下层SAGD井组相比,生产效果较好(表6-8)。由于处于生产初期阶段,上下层蒸汽腔尚未连通,保持相对独立的生产状态,对于该实施区来说,采油速度由原设计单层SAGD开发的3.2%提升至5.7%,预计最终采收率由原设计值56.7%提升至68.4%,有效缩短了全生命生产周期,提高了经济效益。

表6-8 Z区双层SAGD生产效果统计表

类型	井组数（对）	生产时间（d）	累计注汽量（t）	累计产液量（t）	累计产油量（t）	日产油量（t）	采注比	油汽比	综合含水率（%）
上层SAGD井组	12	241	20106	19529	4387	18.2	0.97	0.22	77.5
下层SAGD井组	14	263	21684	19582	3853	14.6	0.90	0.18	80.3

根据研究结果及现场应用情况,对于夹层发育的厚层超稠油油藏,相比常规的双水平井SAGD布井方式,双层立体式井网能有效减轻夹层对开发效果的影响,在提高储量利用率和采油速度方面具有明显优势,其生产过程中的SAGD蒸汽腔呈现出"孤立发育—上升扩展—相互接触—聚并融合"的发育模式。当蒸汽腔最终淹没上部生产井后,可采用被淹井小汽量注汽

的操作方式,利用汽驱辅助和重力泄油双重机理,进一步提高开发效果。

二、不同井网井型组合增产措施

理论上讲,超稠油油藏的 SAGD 方式开采可以取得相当高的采油速度和最终采收率,但在储层非均质条件下,泄油速度往往会受到低垂渗、夹层阻挡等因素的综合影响。为进一步提高开发效果,应用添加井辅助的 SAGD 开采技术,在蒸汽腔发育差、不发育或储层动用较差的部位,增加额外的驱动力,可有效改善 SAGD 开发的生产效果。

1. 直井辅助 SAGD 井网

该井网类型适用于局部蒸汽腔不发育的 SAGD 井组(SAGD 水平段动用程度 50% ~ 70%),针对受隔(夹)层影响、渗透率极差较大、注采参数优化难以改善蒸汽腔发育的井组,开展加密直井辅助 SAGD 生产。直井布井位置一般在 SAGD 水平井下倾方向、温度上升不明显区域,距 SAGD 井组为 10 ~ 15m(观察井或新钻井),射孔位置优化,油层顶部 5m 以下,SAGD 注汽井上方 5m。

直井经过多轮次的蒸汽吞吐与 SAGD 水平井热连通后,直井辅助注汽后强化了蒸汽驱替效应,原油加热后受蒸汽驱替和重力泄油两种驱动力作用驱替至采油水平井中采出(Pikken,1990;Best 等,1993;Su 等,1998;Emami 等,2014)。该井网类型扩大了整体蒸汽腔体积,提高了 SAGD 井组动用程度,显著提高受非均质影响严重的 SAGD 井组的采油速度。

针对 Z32 井区 SAGD 试验区开展直井辅助 SAGD 生产研究,结果显示,受隔(夹)层影响蒸汽腔不发育的 FHW106 井组蒸汽腔发育程度明显改善,与原井网方式相比 FHW106 井组蒸汽腔体积增大 $8.59 \times 10^4 m^3$,控制油储量增加 $4.08 \times 10^4 t$,直井辅助 SAGD 生产能够改善由于隔(夹)层影响蒸汽腔不发育的矛盾,使得 SAGD 生产稳产时间更长,Z32 井区 SAGD 试验区直井辅助 SAGD 生产方案预计累计产油量为 $77.09 \times 10^4 t$,累积油汽比为 0.24,最终采出程度为 67.96%,较注采参数优化方案提高采油量 $4.30 \times 10^4 t$,试验区的整体采收率提高 7.79%(图 6 – 36)。

Z32 井区部署 1 口直井辅助 2 对 SAGD 井组,部署区油层平均孔隙度 32.7%,渗透率 3253mD,含油饱和度 76.0%,其中 FHW114P 井上方油层厚度 16.6m,FHW115P 井上方油层厚度 16.7m;且该区油层连续,不发育夹层。FHW114 井组与 FHW115 井组水平段长度分别为 240m、252m,DF311 井距 FHW114 井组 41m,距 FHW115 井组 59m。自直井辅助试验以来,截至 2016 年 10 月 11 日,井组累计注汽 $14.5 \times 10^4 t$、产液 $15.7 \times 10^4 t$、产油 $4.57 \times 10^4 t$,含水率 71.6%,采注比 1.09,油汽比 0.31。辅助前井组产液量 179t/d、产油量 48t/d,辅助后井组产液量 331t/d、产油量 94t/d,对比产液量提高 152t/d,产油量提高 46t/d。

2. 加密水平井辅助 SAGD 井网

加密水平井辅助 SAGD 生产井网主要针对局部蒸汽腔不发育的 SAGD 井组,针对受隔(夹)层影响、渗透率极差较大、注采参数优化难以改善蒸汽腔发育的井组,尤其是 SAGD 水平段动用程度小于 50% 的井组。加密水平井位置位于 SAGD 井组中间,温度上升不明显区域(蒸汽腔不发育区域),考虑蒸汽超覆因素,避免水平井间汽窜影响,加密水平井布置高于原井网注汽水平井的海拔深度(Emami 等,2014)。加密水平井周围温度场与 SAGD 水平段温度场出现连通,可进行水平井辅助 SAGD 生产,井网形式如图 6 – 37 所示。

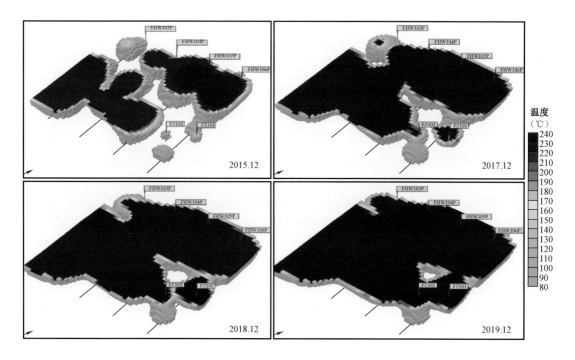

图 6 - 36　Z32 井区直井辅助 SAGD 生产温度场发育过程图

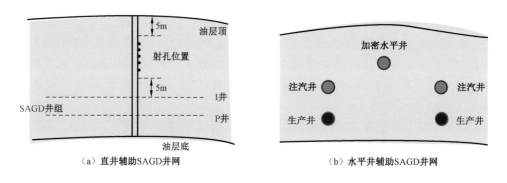

（a）直井辅助SAGD井网　　　　　　　（b）水平井辅助SAGD井网

图 6 - 37　加密水平井辅助 SAGD 井网示意图

针对 Z37 区 SAGD 试验区开展水平井辅助 SAGD 生产研究,结果显示,通过加密水平井注汽辅助 SAGD 生产,对应水平段的蒸汽腔逐渐扩大,水平段动用程度达到 85% 以上(图 6 - 38),预计累计产油量为 $43.62 \times 10^4 t$,累积油汽比为 0.18,最终采出程度 49.52%,较原井网(40.5%)具有较大优势。

3. 上翘式轨迹

双水平井 SAGD 生产阶段为注汽井连续注汽,生产井连续采油。国内外 SAGD 注汽水平井普遍采用双管注汽结构,生产井采用有杆泵举升,井筒内压力分布为 A 点至 B 点由低变高。在水平井段油藏物性均质的前提下,生产过程必然是水平井段前端生产压差最大(图 6 - 39),该井段易于形成优先渗流通道,进而发生局部汽窜(图 6 - 40)。

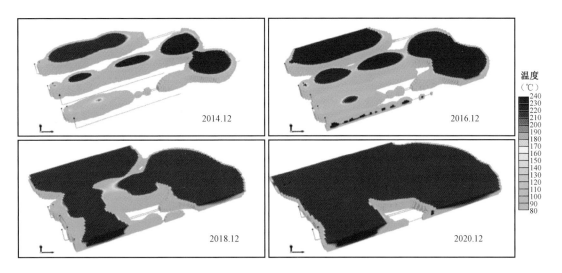

图 6 - 38 重 37 试验区水平井辅助 SAGD 温度场发育预测图

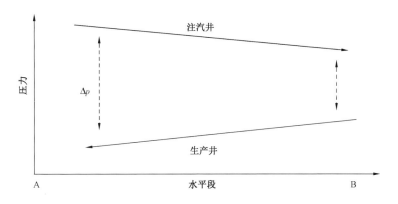

图 6 - 39 SAGD 井对压力分布图

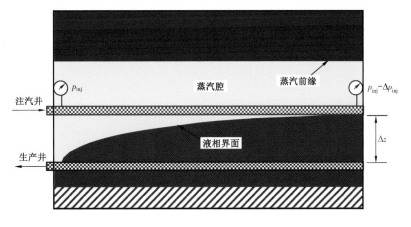

图 6 - 40 SAGD 井间液面分布示意图

水平井上翘式设计使得A点、B点存在一定的高程差,因此SAGD生产过程中B点附近泄流流体可受重力作用向A点流动,可以平衡一部分井筒流动阻力,从而提高B点储层动用程度,改善SAGD开发效果。基于此,新疆油田在SAGD工业化应用过程中,在水平井地质设计阶段,结合油层构造特点,设计并实践了上翘式轨迹SAGD,取得了较好的效果。

上翘角度的大小是轨迹优化设计的关键,上翘角度过大,由于蒸汽超覆作用影响,反而容易造成脚跟处附近动用变差。因此,模拟研究了SAGD水平井上翘不同角度情况下的蒸汽腔分布情况,结果显示:当上翘角度大于3°时,A点上方蒸汽腔基本不发育,严重影响生产效果(图6-41)。水平井上翘设计中水平段上翘倾角应小于3°,也就是每100m水平段长度上翘位移小于1.7m。

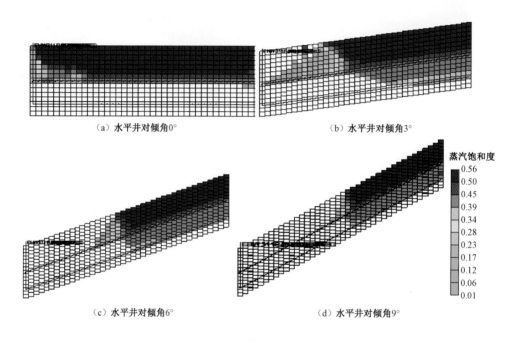

(a)水平井对倾角0°　　　　　　　　　(b)水平井对倾角3°

蒸汽饱和度

| 0.56 |
| 0.50 |
| 0.45 |
| 0.39 |
| 0.34 |
| 0.28 |
| 0.23 |
| 0.17 |
| 0.12 |
| 0.06 |
| 0.01 |

(c)水平井对倾角6°　　　　　　　　　(d)水平井对倾角9°

图6-41　SAGD生产水平井不同上翘角度蒸汽腔示意图

从现场生产效果看,在储层条件相当的情况下,上翘设计SAGD水平井生产效果优于水平轨迹设计,Ⅱ类油藏上翘井平均产油量高出未上翘井7.1t/d,Ⅲ类油藏上翘井平均产油量高出未上翘井2.3t/d(图6-42)。

图6-43为地质条件相似的两组典型井渗透率剖面与实钻轨迹,水平段长度分别为400m、380m,其中FHW102井组水平段上翘1.38°,其他设计相同。实际生产效果显示FHW102井组明显要好于FHW101井组(图6-44)。

对于SAGD开发而言,无论是设计操作,还是管柱结构的优化,最为关键的是保障井筒的压力分布剖面处于平衡状态,有利于蒸汽腔沿着井筒的均衡发育和储层得到最大程度的动用,实践证明,上翘式轨迹设计是实现这一目的的有效手段。

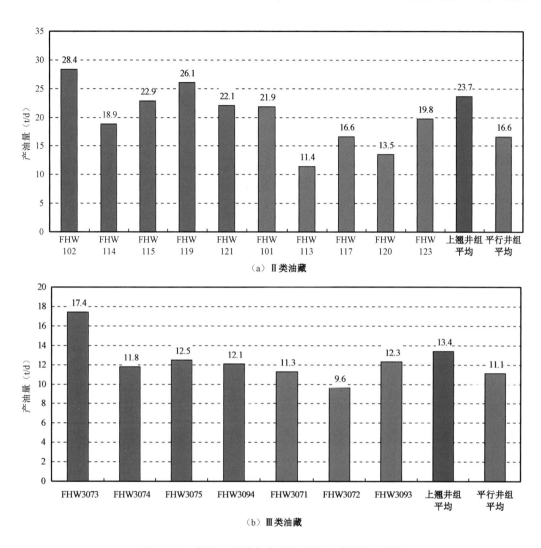

（a）Ⅱ类油藏

（b）Ⅲ类油藏

图6-42 轨迹上翘井与水平轨迹井生产效果对比图

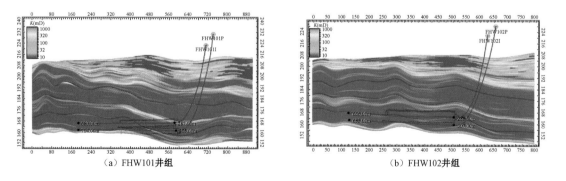

（a）FHW101井组 （b）FHW102井组

图6-43 FHW101井组与FHW102井组渗透率剖面分布率剖面

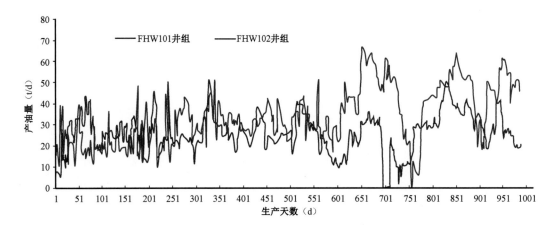

图 6－44　FHW101 井组及 FHW102 井组生产效果对比图

4. 鱼骨注汽井 SAGD

储层非均质性及夹层是影响 SAGD 开发效果的关键地质因素之一,特别是由于夹层的存在,严重制约蒸汽腔的扩展,阻碍泄油通道,从而导致 SAGD 井组上产速度慢、油汽比低、开采周期延长、经济效益下降,影响 SAGD 开发的整体效果。为减小夹层影响,加速蒸汽腔扩展,提高 SAGD 开发效率,开展了鱼骨注汽井 SAGD 技术研究与应用,以风城油田 A 井区为例,利用数值模拟技术,优化了影响分支水平井 SAGD 生产效果的关键因素,并开展了现场试验评价。

风城油田 A 井区 SAGD 开发区油层主要以中细砂岩为主,底部发育薄层砂砾岩。油层有效厚度平均值为 18m,孔隙度平均值为 28.0%,渗透率平均值为 900mD,垂向渗透率与水平渗透率比值为 0.65,含油饱和度平均值为 66.0%;油藏埋深平均值为 445m,原始地层温度为 19℃,原始地层压力为 4.5mPa;50℃时地面脱气油黏度为 5.4×10^4 mPa·s。以 A 区块油藏地质特征为模型基础,建立数值模型,井组水平段长度 450m,生产井距油层底部 2m,注汽井与生产井距离 5m,网格划分为 X 方向为 500m(10m×50),Y 方向为 70m(2m×35),Z 方向为 20m(1m×20),总网格数 35000(50×35×20)。

1)分支水平井 SAGD 布井参数优化

(1)分支与主井眼相对位置。

上翘分支的空间位置是影响整个注汽井形态的主要因素,相同分支长度情况下随着分支水平、垂向位移的增大,分支井的控制面积也越大,但分支加热空间与生产井建立泄流通道时间也随之延长,也就是无效加热时间延长。分别模拟了分支水平位移 5m、10m、15m、20m、25m、30m 的生产情况,结果显示[图 6－45(a)],随着分支水平位移增大,井组采收率及油汽比都有所增加,当分支水平位移大于 20m 时,采收率及油汽比变化较小。同时,模拟了分支垂直位移分别为 2m、4m、6m、8m 的生产情况,结果显示[图 6－45(b)],分支距主井眼垂距越小,初期上产速度越快、产油量越高,但当蒸汽腔上升至分支高度时分支基本失去作用;整体来看,随着分支垂直位移增大,采收率及油汽比均有所上升,当上翘高度大于 6m 时生产情况基本不变。

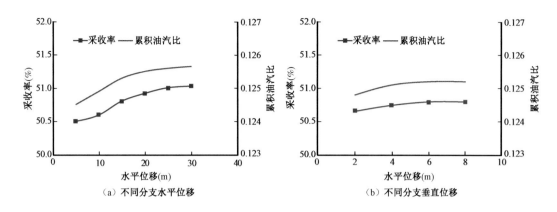

图6-45 不同分支水平特征对开发状况的影响情况对比

（2）分支数目及对称方式。

注汽井分支数目及分布方式也是影响蒸汽分布及汽腔发育的关键因素,在总分支长度不变,分支水平位移及垂直位移固定情况下,分别设计了6分支、4分支、2分支及相应不同分布方式共7种情况(图6-46)。

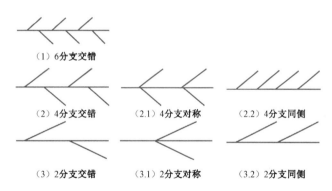

图6-46 注汽井不同分支数与对称情况示意图

在总分支长度不变的情况下,分支数越少,意味着单分支长度越大,注汽波及范围越广。通过数值模拟结果可以看出:分支数越少,累积油汽比及采收率越高;同时,分支完全对称及分支分布在主井眼同侧情况,主井眼无分支井段或无分支一侧汽腔发育较差,影响整体生产效果;与分支对称分布及同侧分布情况相比,分支交错分布效果最优(表6-9)。

表6-9 注汽井不同分支数与对称情况生产效果对比表

井型	累积油汽比	采收率（%）
6分支交错	0.1249	50.67
4分支交错	0.1252	50.72
4分支对称	0.1206	49.54
4分支同侧	0.1252	50.69
2分支交错	0.1257	51.08

井型	累积油汽比	采收率(%)
2分支对称	0.1210	50.12
2分支同侧	0.1257	50.48
无分支	0.1146	48.14

（3）分支与夹层相对位置。

分支水平井SAGD的主要目的是减小注汽井上方夹层的影响，使夹层上方油藏能有效泄流（田仲强等，2001；吴奇等，2002；郑洪涛和崔凯华，2012；Mohammadzadeh，2012；Dong等，2015），所以分支与夹层的位置关系对井组生产效果尤为重要。在模型中，注汽井上方3m处，设置两个长度为100m、横向展布30m的典型夹层。模拟对比了分支从夹层侧面绕至夹层上方、分支穿过夹层、无分支三种情况下的生产效果。模拟结果可以看出：分支穿过夹层能破坏夹层完整性，形成一定的泄流通道，提前动用夹层上部油藏，峰值产量高于分支绕过夹层，生产效果最好；相对无分支情况，分支穿过夹层峰值产量高出7.1t/d，采收率提高3.8%，油汽比增加0.012。

2）分支水平井SAGD操作参数优化

（1）注汽速度。

随着注汽速度的增加井组生产周期在缩短，峰值产量逐渐增大，油汽比逐渐降低，注汽速度为250t/d时采收率最高；在当注汽速度小于150t/d时水平段尾端蒸汽干度几乎为零，尾部蒸汽腔发育明显较差，当注汽量大于250t/d时汽窜严重，采收率及油汽比明显降低，因此对分支水平井SAGD的最佳注汽量控制在200~250t/d（表6-10）。

表6-10　不同注汽速度生产效果对比表

注汽速度(t/d)	生产周期(a)	峰值产量(t/d)	采收率(%)	累积油汽比
150	15.6	15.9	50.53	0.1293
200	11.2	21.5	51.32	0.1293
250	9.3	30.8	51.44	0.1221
300	7.1	37.5	51.18	0.1169

（2）操作压力。

随着操作压力的增加井组峰值产量逐渐增大，生产时间及油汽比有所减小；当操作压力大于5.5MPa以后，受油藏吸汽能力限制，过快注汽造成汽窜，上产阶段累计产油量明显下降，采收率开始下降，因此分支水平井SAGD操作压力应控制在5.5MPa以内（表6-11）。

表6-11　不同操作压力生产效果对比表

操作压力(MPa)	生产周期(a)	峰值产量(t/d)	采收率(%)	累积油汽比
4.5	15.3	15.1	51.44	0.1289
5.0	12.8	20.2	51.68	0.1280
5.5	10.3	27.6	51.72	0.1212
6.0	9.4	29.3	50.98	0.1149

3）实施效果与分析

Y1 井组为风城油田实施的一组分支水平井 SAGD,该井组注汽井上方发育多段泥岩夹层,为减小夹层对泄流的阻碍作用,设计 4 分支在不同位置钻穿夹层,井组主井眼水平段仍保持注采井间距 5m,水平段长度均为 450m,注汽井以交错对称方式从主井眼上钻出 4 个分支,单分支段长度为 100m,平面上分支段偏移主井眼最大距离为 15m,垂向上偏移主井眼最大距离 5m(图 6 – 47)。Y1 井组转 SAGD 生产 200 天以上,尚处于生产初期,平均产油水平达到 10.2t/d,油汽比 0.14,较同区块非均质地质条件相似井组的平均产油水平高 2.3t/d、油汽比高 0.02。

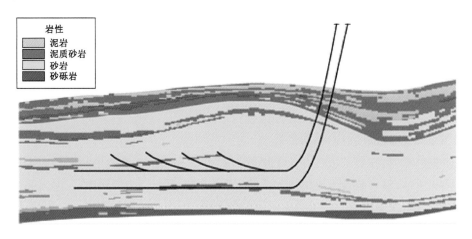

图 6 – 47 Y1 井组岩性剖面图

依据研究结果与实践情况可知,针对非均质性强、夹层较为发育的 SAGD 部署区,分支水平井 SAGD 开发的方式能减小夹层的影响,增加蒸汽波及体积,提高生产效果;分支水平位移、垂向位移越大,生产效果越好;分支数越少生产效果越好;分支交错分布效果最优;同时,分支穿过夹层的生产效果要好于绕过夹层;分支水平井 SAGD 操作既要满足分支注汽井的蒸汽需求,又要考虑汽窜影响,注汽量控制在 200 ~ 250t/d 效果最佳,操作压力应控制在 5.5MPa 以内。

三、氮气与化学剂辅助增效技术

当蒸汽腔横向扩展至油层顶部两侧边界时,随着蒸汽的继续注入,蒸汽腔开始缓慢向下发展,进入汽腔下降阶段,产量和产油速度将缓慢降低。该阶段的含水率由 75% 逐渐上升至 85% ~ 90%,产油量逐渐降低,油汽比维持在 0.10 ~ 0.15,采注比在 1.2 ~ 1.3。采用注非凝析气体作为 SAGD 高峰阶段的高效接替开发方式具有较大潜力(图 6 – 48),注入非凝析气体补充地层能量,减少盖层热损失。一般考察的气体有氮气、二氧化碳、烟道气、甲烷、乙烷、丙烷、空气等。国外由于天然气易得且成本低,使用天然气居多。国内一般是氮气和二氧化碳。氮气主要是隔热降低热损失,而二氧化碳还有溶解降黏机理、降低残余油饱和度、提高储层渗流能力(李兆敏等,2008)。将非凝析气注入 SAGD 汽腔,可有效降低热损失、提高油汽比。

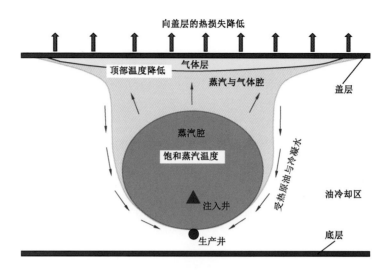

图 6-48 气体辅助 SAGD 示意图

1. 氮气与化学剂辅助 SAGD 机理分析

根据研究的需要,开展了氮气和化学增效剂对提高 SAGD 开发效果的实验研究。实验装置如图 6-49 所示,整个装置主要由注入系统、岩心系统、采出系统等组成。注入系统由蒸汽发生器、钢瓶、注入泵等组成。岩心系统呈圆柱体形状,长 50cm,直径 40cm,由蒸汽通道、陶粒及两个温度传感器组成。采出系统主要由冷凝系统和采出液接收器组成。岩心系统设计了两种不同结构的装置。其中一种蒸汽通道处于岩心的下部分,距离岩心底部 5cm,1# 温度传感器距离蒸汽通道 15cm,2# 温度传感器距离蒸汽通道 25cm(偏心模型)。而另外一种岩心装置,蒸汽通道位于岩心圆柱体中心,1# 温度传感器距离蒸汽通道 5cm,2# 温度传感器距离蒸汽通道 15cm(中心模型)。岩心系统下半部分为陶粒,上半部分为陶粒与稠油的混合物,讨论有稠油状态下岩心的传热效率。实验过程中,稠油受热降黏会流向岩心的下半部分,当一次实验完毕,将岩心系统翻转,使含油的部分始终处于上半部分,然后进行下一轮实验(拌油)。当蒸汽

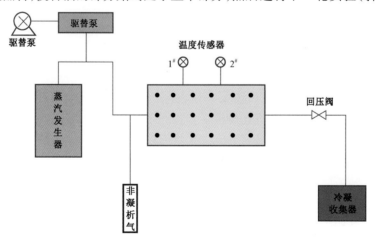

图 6-49 实验模拟装置示意图

通过通道后会向上部流通,将热量传递给岩心系统中的陶粒和稠油,对其进行加热,通过不同点的温度传感器可以监测到不同点的温度,以此判断不同加热介质的传热效率;另外一部分蒸汽会从通道中流出,通过采出液接收器可以收集到出来的蒸汽,由此得到加热固定点到固定温度所需蒸汽量,研究不同传热剂的传热效率;或者在尾部用冷凝水冷凝蒸汽将水外排。

1)氮气辅助 SAGD 机理

氮气的注入能加快蒸汽的传热,提高传热效率,并且距离蒸汽接触点越近效果越明显。$1^{\#}$位置升高到100℃,氮气辅助提高率为14.63%;$2^{\#}$位置提高率为8.5%(图6-50)。说明SAGD过程注入氮气后,由于氮气扩散速度快,携带的热量扩散传递到远井地带;当有氮气存在时,升温到相同温度所需的蒸汽用量明显降低,增大热效率,平均节约蒸汽11%(表6-12)。

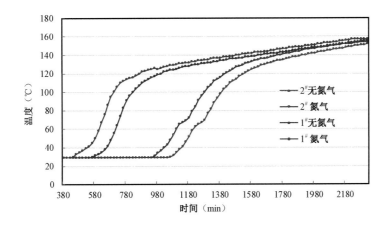

图6-50 不同时间伴注氮气对温度的影响对比图

表6-12 温度上升到100℃时蒸汽用量对比

对比条件		温度为100时蒸汽用量(mL)	节约蒸汽量(mL)	效率(%)
$1^{\#}$	无氮气	258	35	13.57
	氮气辅助	223		
$2^{\#}$	无氮气	569	48	8.44
	氮气辅助	521		

利用数值模拟方法,针对FHW202井组模型开展氮气辅助SAGD生产可行性分析。FHW202井组在实际生产过程中,于2012年11月2日开始注氮气,共注入氮气90000m³,从拟合过程来看,在未改变其他参数的条件下,加氮气后其生产效果更靠近实际生产数据(图6-51),且从蒸汽腔的发育来看,采用加氮气模型拟合,蒸汽腔的体积明显大于不加氮气的情况(图6-52),说明氮气可以实现扩大蒸汽腔的目的。

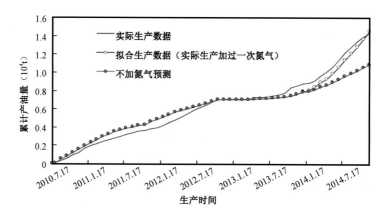

图6-51 FHW202井组实际拟合过程中不同生产方式效果对比

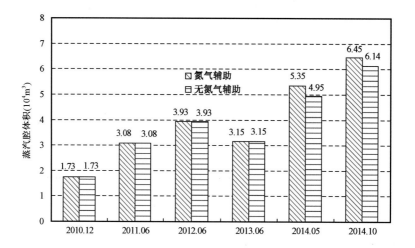

图6-52 FHW202井组实际拟合过程中不同生产方式蒸汽腔体积对比

针对FHW202井组开展氮气辅助SAGD生产研究,注入方式为氮气与蒸汽混注,每天注氮气200m³(地下体积),按照3个段塞注入,每个段塞注入时间为10d,段塞间隔3月,总注入量为6000m³(地下体积),混注氮气后,阶段产油量增加5817t,阶段注汽量减少23926t,油汽比增加0.05,阶段采出程度增加1.98个百分点(表6-13)。

表6-13 FHW202井组注氮气辅助SAGD生产5年开发指标对比

生产方式	累计产油量(t)	累积油汽比	阶段采出程度(%)
不注氮气	79247	0.282	27.04
注氮气	85064	0.331	29.02

从注氮与不注氮气条件下蒸汽腔的特征来看,注氮气后蒸汽腔的扩展速度较不注氮气快,蒸汽腔体积大,说明SAGD过程注入氮气后,减少了生产过程采出液携热量,进一步降低了热损失,同时起到隔热的作用,有利于蒸汽腔的扩展(图6-53)。

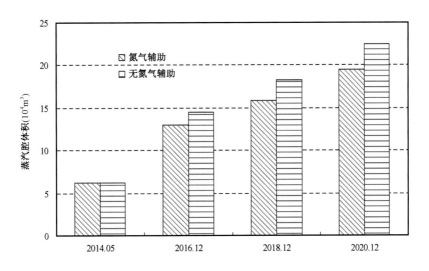

图 6 - 53　FHW202 井组不同生产方式蒸汽腔体积对比图

2）化学剂辅助 SAGD

随着伴注化学剂 A 用量的增加，$1^{\#}$、$2^{\#}$传感器温度升高到 100℃ 需要的时间越短，传热速率越快，同时在加量增加到 30g 以上时，其传热效率比只注氮气的效果要好，效率分别提高了 17.3%、13.5%（图 6 - 54、图 6 - 55）。说明 SAGD 生产过程注入化学增效剂后，一方面化学增效剂在岩石界面上的吸附，渗透能力强，通过吸附及快速渗透将蒸汽热量传递至远井地带；另一方面化学剂 A 具有明显的降低原油黏度的作用，原油黏度的下降，使得原油流动性增加，加速了热量的传递；当蒸汽与化学增效剂伴注时，升温到相同温度所需蒸汽用量明显降低，增大热效率，平均节约蒸汽 14.7%（表 6 - 14）。

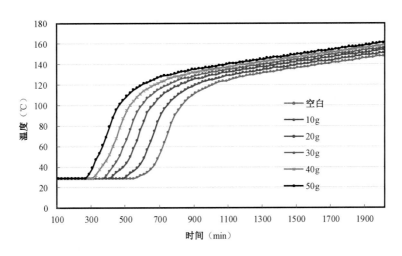

图 6 - 54　$1^{\#}$不同时间伴注化学增效剂对温度的影响对比图

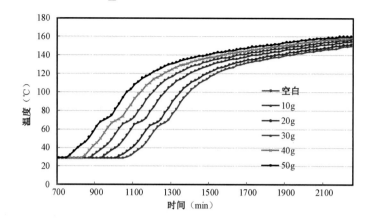

图 6－55　2#不同时间伴注化学增效剂对温度的影响对比图

表 6－14　温度上升到100℃时蒸汽用量对比

对比条件		温度为 100 时蒸汽用量(mL)	节约蒸汽量(mL)	效率(%)
1#	无增效剂	258	47	18.22
	增效剂辅助	211		
2#	无增效剂	569	64	11.25
	增效剂辅助	505		

增效剂辅助 SAGD 降黏能力评价:随着化学剂 A 加入的浓度增加,黏度降低较快,流动能力明显提高,加入浓度大于 0.3% 以后,黏度变化较小,但整体降黏率都在 98% 以上(图 6－56)。

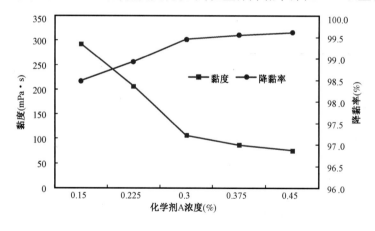

图 6－56　化学增效剂降黏效果对比

利用数值模拟方法,开展氮气与化学剂辅助 SAGD 改善开发效果的可行性研究。针对风城油田部分井如 FHW106 井组、FHW209 井组局部蒸汽腔发育明显,特别是 FHW106 井组,蒸汽腔控制储量采出程度比较高,达83.02%,为了更好地提高后期注入蒸汽的热利用率,有必要针对局部蒸汽腔发育,且洗油效率较高的蒸汽腔进行封堵,以提高整个水平段的动用程度(万仁溥,罗英俊,1996;刘慧卿,2013)。为此,利用 Z32 井区 SAGD 先导试验区整体模型,开展了 FHW106 井组进行氮气泡沫封堵后直井辅助生产与不封堵直接开展直井辅助生产两种方式的效果对比,结果见表6-15和图6-57。结果显示,与直接采用直井辅助SAGD生产相比,FHW106井组先进行氮气泡沫封堵后再进行直井辅助SAGD生产,可以降低高采出段的吸汽能力,均衡水平段的动用程度,扩大蒸汽腔体积,从而改善SAGD生产的效果(Parmar等,2009;Yuan等,2011)。生产指标显示,封堵后采用直井辅助SAGD生产,较不封堵的生产效果好,阶段产油量增加4109t,油汽比增加0.015,阶段采出程度增加1.67个百分点。

表6-15 FHW106封堵后直井辅助SAGD生产5年开发指标对比

生产方式	累计产油量(t)	累积油汽比	阶段采出程度(%)
直井辅助	496	0.17	20.19
封堵+直井辅助	537	0.19	21.86

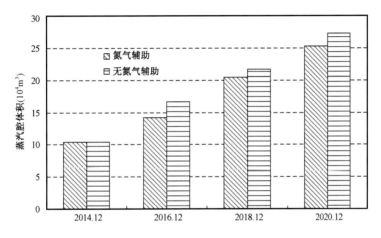

图6-57 FHW106井组不同生产方式蒸汽腔体积对比

2. 氮气辅助SAGD现场试验效果评价

为了提高水平段动用程度,改善蒸汽腔的发育程度,2014年11月,Z37井区SAGD试验区开展了FHW200、FHW208、FHW209三个井组的氮气辅助吞吐SAGD生产试验,试验结果显示,3口井措施后生产效果均有不同程度的改善,FHW209井组第一轮产油水平从12t/d上升到20t/d,FHW200井组产油水平从21t/d上升到25t/d,FHW208井组措施后效果略差于其他两口井,措施后产油水平从16t/d最高上升到20~25t/d(图6-58至图6-60)。

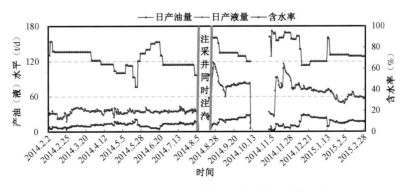

图6-58 FHW209井组注氮气前后生产效果对比

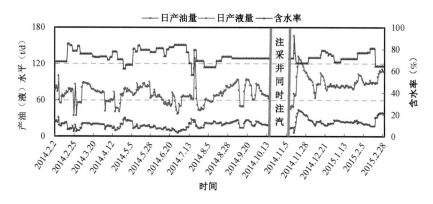

图 6 – 59　FHW200 井组注氮气前后生产效果对比

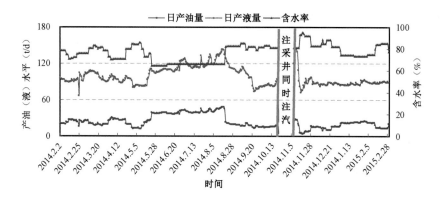

图 6 – 60　FHW208 井组注氮气前后生产效果对比

参 考 文 献

陈德民,周金应,李治平,等.2007.稠油油藏水平井热采吸汽能力模型.西南石油大学学报自然科学版,29 (4):102-106.

陈森,窦升军,游红娟,等.2012.风城SAGD水平井均匀配汽工艺研究与应用.石油钻采工艺,02:114-116.

程赟,任淑霞,刘竟成,等.2010.注蒸汽地面与井筒两相流压降及传热模型评价.重庆科技学院学报:自然科 学版,12(4):73-76.

东晓虎,刘慧卿,庞占喜,等.2014.稠油水平井平行双管注汽井筒参数计算模型.中南大学学报:自然科学 版,(3):939-945.

耿立峰.2007.辽河油区超稠油双水平井SAGD技术研究.特种油气藏,01:55-57+65+107.

顾浩,程林松,黄世军.2014.注蒸汽井筒沿程热物性参数及热损失新算法.计算物理,(4):449-454.

国土资源部油气资源战略研究中心.2009.全国油砂资源评价.北京:中国大地出版社.

何万军,木合塔尔,董宏,等.2015.风城油田重37井区SAGD开发提高采收率技术.新疆石油地质,04: 483-486.

霍广荣,等.1999.胜利油田稠油油藏热力开采技术.北京:石油工业出版社.

霍进,樊玉新,桑林翔,等.2014.浅层超稠油蒸汽辅助重力泄油开发理论与实践.北京:石油工业出版社.

霍进,桑林翔,杨果,等.2013.蒸汽辅助重力泄油循环预热阶段优化控制技术.新疆石油地质,34(4): 455-457.

霍进,桑林翔,杨果,等.2014.蒸汽辅助重力泄油循环预热启动标志研究.特种油气藏,(5):89-91.

贾承造.2007.油砂资源状况与储量评估方法.北京:石油工业出版社.

姜艳艳.2011.注入蒸汽在垂直井筒中的流动规律研究.中国石油大学.

金济山.1993.岩石扩容性质及其本构模型的研究.岩石力学与工程学报,8(2):162-172.

李景玲,朱志宏,窦升军,等.2014.双水平井SAGD循环预热传热计算及影响因素分析.新疆石油地质,35 (1):82-86.

李明川,崔桂香.2001.变质量气液分层流动数值模拟.石油钻采工艺,23(1):47-50.

李术元,王剑秋,钱家麟.2011.世界油砂资源的研究及开发利用.中外能源,16(5):10-23.

李晓平,王大为,林杰,等.2011.稠油热采井筒内蒸汽参数计算.新疆石油天然气,07(1):68-71.

李颖川,杜志敏.1993.注蒸汽井筒动态预测改进模型.西南石油学院学报,15(1):56-64.

李兆敏,杨建平,林日亿.2008.氮气辅助注蒸汽热采井中的流动与换热规律.中国石油大学学报(自然科 学版),03:84-88.

刘慧卿.2013.热力采油原理与设计.北京:石油工业出版社.

刘梦.2012.辽河油田超稠油油藏SAGD技术集成与应用.辽宁化工,11:1214-1216+1219.

刘想平,郭呈柱,蒋志祥,等.1999.油层中渗流与水平井筒内流动的耦合模型.石油学报,20(3):82-86.

刘想平,刘翔鹗.2000.水平井筒内与渗流耦合的流动压降计算模型.西南石油学院学报,22(2):36-39.

鲁明.2011.辽河采油厂曙一区杜84馆陶SAGD应用研究.中国石油和化工标准与质量,05:161.

倪学锋,程林松,李春兰,等.2005.注蒸汽井筒内参数计算新模型.计算物理,22(3):251-255.

任瑛,等.2001.稠油与高凝油热力开采问题的理论与实践.北京:石油工业出版社.

邵先杰,汤达祯,樊中海,等.2004.河南油田浅薄层稠油开发技术试验研究.石油学报,02:74-79.

师耀利,杜殿发,刘庆梅,等.2012.考虑蒸汽相变的注过热蒸汽井筒压降和热损失计算模型.新疆石油地质, (6):723-726.

苏玉亮,张东,李明忠.2007.油藏中渗流与水平井筒内流动的耦合数学模型.中国矿业大学学报,36(6): 752-758.

孙川生,等.1998.克拉玛依九区热采稠油油藏.北京:石油工业出版社.

孙新革.2012.浅层超稠油双水平井SAGD技术油藏工程优化研究与应用.西南石油大学.

田仲强,黄敏,田荣恩,等.2001.胜利油田稠油开采技术现状.特种油气藏,04:52 - 55 + 100.

万仁溥,罗英俊.1996.采油技术手册(第八分册)——稠油热采工程技术(修订本).北京:石油工业出版社.

王利群,周惠忠.1996.水平井沿井管射孔蒸汽出流分布的计算模型.清华大学学报(自然科学版),36(4):76 - 81.

王佩虎.2006.蒸汽辅助重力泄油(SAGD)开发超稠油研究.大庆石油大学.

王一平,李明忠,高晓,等.2010.注蒸汽水平井井筒内参数计算新模型.西南石油大学学报:自然科学版,32(4):127 - 132.

魏绍蕾,程林松,张辉登,等.2016.稠油油藏双水平井 SAGD 生产电预热模型.西南石油大学学报(自然科学版),(1):92 - 98.

吴奇,等编译.2002.国际稠油开采技术论文集.北京:石油工业出版社.

吴淑红,于立君,刘翔鹗,等.2004.热采水平井变质量流与油藏渗流的耦合数值模拟.石油勘探与开发,31(1):88 - 90.

吴永彬,李秀峦,孙新革,等.2012.双水平井蒸汽辅助重力泄油注汽井筒关键参数预测模型.石油勘探与开发,39(4):481 - 488.

席长丰,马德胜,李秀峦.2010.双水平井超稠油 SAGD 循环预热启动优化研究.西南石油大学学报(自然科学版),32(4):103 - 108.

杨德伟,马冬岚.1999.注蒸汽井井筒两相流流动模型的选择.中国石油大学学报:自然科学版,(2):44 - 46.

杨洪,何小东,李畅,等.2016.双水平井 SAGD 快速启动技术研究进展.新疆石油地质,04:489 - 493.

于连东.2001.世界稠油资源的分布及其开采技术的现状与展望.特种油气藏,02:98 - 103 + 110.

张春,茅献彪,倪海敏,等.2011.岩石剪胀效应的数值模拟研究.西安科技大学学报,31(2):181 - 187.

张春会,赵全胜,于永江.2011.考虑围压影响的非均质岩石剪胀扩容模型.采矿与安全工程学报,28(3):436 - 440.

张方礼,赵洪岩,等.2007.辽河油田稠油注蒸汽开发技术.北京:石油工业出版社.

曾凡刚,李赞豪.1999.中国重质原油的分布和地球化学特征.北京:石油工业出版社.

郑洪涛,崔凯华.2012.稠油开采技术.北京:石油工业出版社.

周生田,郭希秀.2009.射孔水平井流动与油藏渗流的耦合研究.石油钻探技术,37(4):84 - 87.

周生田,郭希秀.2009.水平井变质量流与油藏渗流的耦合研究.石油钻探技术,37(2):85 - 88.

周生田,张琪,李明忠,等.2002.水平井变质量流研究进展.力学进展,32(1):119 - 127.

Alves I N, Alhanati F J S, Shoham O. 1992. A Unified Model for Predicting Flowing Temperature Distribution. in Wellbores and Pipelines. SPE Production Engineering,7(4):363 - 367.

Bahonar M, Azaiez J, Chen Z. 2013. A Semi - Unsteady - State Wellbore Steam/Water Flow Model for Prediction of Sandface Conditions in Steam Injection Wells. Journal of Canadian Petroleum Technology,49(09):13 - 21.

Best D A, Lesage R P, Arthur J E. 1993. A Model Describing Steam Circulation in Horizontal Wellbores. SPE Production & Facilities,8(4):263 - 268.

Butler R M, Mcnab G S, Lo H Y. 1981. Theoretical studies on the gravity drainage of heavy oil during in - situ steam heating. The Canadian Journal of Chemical Engineering,59(4):455 - 460.

Butler R M, Stephens D J. 1981. The Gravity Drainage of Steam - Heated Heavy Oil to Parallel Horizontal Wells. Journal of Canadian Petroleum Technology,20(2):36 - 36.

Butler R M. 1998. SAGD comes ofage. Journal of Canadian Petroleum Technology,37(7):9 - 12.

Butler R M. 2001. Some Recent Developments in SAGD. Journal of Canadian Petroleum Technology,40(1):18 - 22.

Butler R M. 1994. Steam - assisted Gravity Drainage:Concept,Development,Performance AndFuture. Journal of Canadian Petroleum Technology,33(2):44 - 50.

Butler R M. 1991. Thermal Recovery of Oil And bitumen. Prentice Hall,Englewood Cliffs.

Chierici G L, Ciucci G M, Sclocchi G. 1974. Two - Phase Vertical Flow in Oil Wells - Prediction of Pressure

Drop. Journal of Petroleum Technology,26(8):927 – 938.

Collins P M. 2007. Geomechanical Effects on the SAGD Process. Spe Reservoir Evaluation & Engineering,10(4):367 – 375.

Dikken B J. 1990. Pressure drop in horizontal wells and its effect on production performance. Journal of Petroleum Technology,42(11):1426 – 1433.

Dong X,Liu H,Hou J,et al. 2015. Multi – thermal fluid assisted gravity drainage process:A new improved – oil – recovery technique for thick heavy oil reservoir. Journal of Petroleum Science & Engineering,133:1 – 11.

Du J,Wong R C K. 2007. Numerical Modelling of Geomechanical Response of Sandy Shale Formation in Oil Sands Reservoir During Steam Injection. Journal of Canadian Petroleum Technology,49(1):23 – 28.

Durrant A J,Thambynayagam R K M,Durrant A J. 1986. Wellbore Heat Transmission and Pressure Drop for Steam/Water Injection and Geothermal Production:A Simple Solution Technique. Spe Reservoir Engineering,1(2):148 – 162.

Emami – Meybodi H,Saripalli H K,Hassanzadeh H. 2014. Formation heating by steam circulation in a horizontal wellbore. International Journal of Heat & Mass Transfer,78(7):986 – 992.

Gould T L. 1974. Vertical Two – Phase Steam – Water Flow in Geothermal Wells. Journal of Petroleum Technology,26(8):833 – 842.

Gould T,Tek M,Katz D,et al. 1974. Two – Phase Flow Through Vertical,Inclined,or Curved Pipe. Journal of Petroleum Technology,26(8):915 – 926.

Guindon L. 2015. Heating Strategies for Steam – Assisted – Gravity – Drainage Startup Phase. Journal of Canadian Petroleum Technology,54(2):81 – 84.

Hagoort J. 2004. Ramey's Wellbore Heat Transmission Revisited. Spe Journal,9(4):465 – 474.

Hao G,Cheng L,Huang S,et al. 2014. Prediction of thermophysical properties of saturated steam and wellbore heat losses in concentric dual – tubing steam injection wells. Energy,75:419 – 429.

Hasan A R,Kabir C S,Hasan A R. 2007. A Simple Model for Annular Two – Phase Flow in Wellbores. Spe Production & Operations,22(2):168 – 175.

Hashemi – Kiasari H,Hemmati – Sarapardeh A,Mighani S,et al. 2014. Effect of operational parameters on SAGD performance in a dip heterogeneous fractured reservoir. Fuel,122(12):82 – 93.

Hocking G,Cavender T W,Person J,et al. 2012. Single – Well SAGD Field Installation and Functionality Trials. Paper SPE 157739 presented at the SPE Heavy Oil Conference Canada, Calgary, Alberta, Canada, 12 – 14 June. Doi:10. 2118/157730 – MS.

Ihara M,Yanai K,Takao S. 1995. Two – phase flow in horizontal wells. Spe Production & Facilities,10(4):249 – 256.

Khakim M Y N,Tsuji T,Matsuoka T. 2012. Geomechanical modeling for InSAR – derived surface deformation at steam – injection oil sand fields. Journal of Petroleum Science & Engineering,(s96 – 97):152 – 161.

Leutwyler. 1966. Casing temperature studies in steam injection wells. Journal of Petroleum Technology,18(9):1157 – 1162.

Li P,Chalaturnyk R,Tan T. 2006. Coupled Reservoir Geomechanical Simulations For the SAGD Process. Journal of Canadian Petroleum Technology,45(45):33 – 40.

Li P,Chalaturnyk R. 2005. History Match of the UTF Phase A Project with Coupled Reservoir Geomechanical Simulation. Journal of Canadian Petroleum Technology,48(1):29 – 35.

Li P,Chan M,Froehlich WW. 2009. Steam Injection Pressure and the SAGD Ramp – Up Process. Journal of Canadian Petroleum Technology,48(1):36 – 41.

Lin B,Jin Y,Pang H,et al. 2015. Experimental Investigation on Dilation Mechanisms of Land – Facies Karamay Oil Sand Reservoirs under Water Injection. Rock Mechanics & Rock Engineering,49:1 – 15.

Marx J W,Langenheim R H. 1959. Reservoir heating by hot fluid injection. 216(12):312 – 315.

Meyer B R. 1989. Heat Transfer in HydraulicFracturing. Spe Production Engineering,4(4):423 – 429.

Meyer B R. 1989. Supplement to SPE 17041, Heat Transfer in Hydraulic Fracturing. Zoological Research, 18(4): 628 – 657.

Mohammadzadeh O, Rezaei N, Chatzis I. 2012. Production Characteristics of the Steam – Assisted Gravity Drainage (SAGD) and Solvent – Aided SAGD (SA – SAGD) Processes Using a 2 – D Macroscale Physical Model. Energy & Fuels, 26(7): 95 – 96.

Nasr T N, Law D H S, Golberck H. 1998. Counter – current aspect of the SAGD process. 39(01): 41 – 47.

Ong T S, Bulter R M. 1990. Wellbore flow resistance in steam – assisted gravity drainage. 29(06): 49 – 55.

Pacheco E F. 1972. Wellbore Heat Losses and Pressure Drop In Steam Injection. Journal of Petroleum Technology, 24 (2): 139 – 144.

Parmar G, Zhao L, Graham J. 2009. Start – up of SAGD wells: history match, wellbore design and operation. Journal of Canadian Petroleum Technology, 48(01): 42 – 48.

Ramey H J. 1962. Wellbore Heat Transmission. Journal of Petroleum Technology, 14(4): 427 – 435.

Roegiers J C, Azeemuddin M, Zaman M M, et al. 1992. Constitutive model for characterizing dilatancy in rocks: Rock Mechanics as a Multidisciplinary Science: Proc 32nd US Symposium, Norman, 10 – 12 July 1991 P531 – 538. Publ Rotterdam: A A Balkema, 1991. International Journal of Rock Mechanics & Mining Sciences & Geomechanics Abstracts, 29(4): 241 – 241.

Satter A, Jr A. 1965. Heat Losses During Flow of Steam Down a Wellbore. Journal of Petroleum Technology, 17(7): 845 – 851.

Siu A L, Rozon B J, Li Y K, et al. 1991. A Fully Implicit Thermal Wellbore Model for Multicomponent Fluid Flows. Spe Reservoir Engineering, 6(3): 302 – 310.

Spillette A G. 1965. Heat Transfer During Hot Fluid Injection Into an Oil Reservoir. Journal of Canadian Petroleum Technology, 4(4): 213 – 218.

Su Z, Gudmundsson J S. 1998. Perforation inflow reduces frictional pressure loss in horizontal wellbores. Journal of Petroleum Science and Engineering, 19(3): 223 – 232.

Tian J, Liu H, Pang Z. 2017. A study of scaling 3D experiment and analysis on feasibility of SAGD process in high pressure environment. Journal of Petroleum Science and Engineering, 150: 238 – 249.

Willhite, Jr G P, Willhite, et al. 1966. Over – all heat transfer coefficients in steam and hot water injection wells. SPE of AIME Rocky Mt. Reg. Mtg. Denver; (United States), SPE1449(5): 607 – 615.

Wong R C K, Li Y. 2001. A Deformation – Dependent Model for Permeability Changes in Oil Sand due to Shear Dilation. Journal of Canadian Petroleum Technology, 40(8): 37 – 44.

Yuan J Y, McFarlane R. 2011. Evaluation of steam circulation strategies for SAGD startup. Journal of Canadian Petroleum Technology, 50(01): 20 – 32.